全国高职高专机电类专业创新型规划教材

C语言程序设计基础教程

（修订本）

主　编　张水利　朱光波
副主编　刘　星　李艳红　张晓光
主　审　王红霞

黄河水利出版社
·郑州·

内 容 提 要

本书是全国高职高专机电类专业创新型规划教材,是根据教育部对高职高专教育的教学基本要求及中国水利教育协会职业技术教育分会高等职业教育教学研究会组织制定的C语言程序设计课程标准编写完成的。在编写过程中,认真考虑了内容取舍,突出基本概念的叙述和讲解,加强基础编程能力的培养。整体采用任务驱动模式,所有内容均从任务实例出发,系统介绍C语言程序设计的基础知识和基本方法。本书包括C语言及编程环境认识、数据类型和表达式应用、库函数应用、控制结构及程序设计、数组及应用、函数及应用、指针及应用、构造数据类型及应用、文件操作及应用等九个项目。各项目最后均有总结点拨和课后提升,课后提升模块包括大量的单项选择、程序填空、程序改错、程序编写等练习题目,题型与国家计算机等级考试(二级C语言)的考试大纲一致。

本书可作为高职高专非计算机类专业C语言程序设计课程的教材,也可作为中等职业学校、程序设计培训机构的教学资料以及C语言初学者的自学参考书。

图书在版编目(CIP)数据

C语言程序设计基础教程/张水利,朱光波主编.—郑州:黄河水利出版社,2020.8 (2023.5 修订本重印)

ISBN 978-7-5509-2723-0

全国高职高专机电类专业创新型规划教材

Ⅰ.①C… Ⅱ.①张… ②朱… Ⅲ.①C语言-程序设计-高等职业教育-教材 Ⅳ.①TP312.8

中国版本图书馆CIP数据核字(2020)第117151号

组稿编辑:王路平 电话:0371-66022212 E-mail:hhslwlp@163.com
韩莹莹 66025553 hhslhyy@163.com

出 版 社:黄河水利出版社 网址:www.yrcp.com
地址:河南省郑州市顺河路黄委会综合楼14层 邮政编码:450003

发行单位:黄河水利出版社
发行部电话:0371-66026940、66020550、66028024、66022620(传真)
E-mail:hhslcbs@126.com

承印单位:河南承创印务有限公司

开本:787 mm×1 092 mm 1/16

印张:14.25

字数:330千字 印数:2 101—4 000

版次:2020年8月第1版 印次:2023年5月第2次印刷
2023年5月修订本

定价:39.00元

前 言

本书以党的二十大精神为指引,贯彻落实《国家中长期教育改革和发展规划纲要(2010—2020 年)》、《国务院关于加快发展现代职业教育的决定》(国发〔2014〕19 号)、《现代职业教育体系建设规划(2014—2020 年)》等文件精神,在中国水利教育协会精心组织和指导下,由中国水利教育协会职业技术教育分会高等职业教育教学研究会组织编写的机电类专业创新型规划教材。教材以学生能力培养为主线,体现出实用性、实践性、创新性的教材特色,是理论联系实际、教学面向生产的高职教育精品规划教材。

本书自 2020 年出版以来,得到了水利、机电类专业师生的广泛关注,均认为提高基础编程水平是新时代专业技术人员的基本要求。此次修订,一方面根据读者反馈,改正了原书中的编排错误;另一方面,各项目最后均新增了总结点拨,除复习巩固项目知识点外,再点出项目知识背后蕴含的编程思维、数据组织、空间管理、创新意识、绿色发展等理念,以培养全面发展的高素质建设者和接班人。正如习近平总书记在党的二十大报告中指出:必须坚持科技是第一生产力、人才是第一资源、创新是第一动力,深入实施科教兴国战略、人才强国战略、创新驱动发展战略,开辟发展新领域新赛道,不断塑造发展新动能新优势。

随着装备制造业的发展,"智能制造""互联网+"等技术正在快速普及,对机电类专业人才的编程水平提出了越来越高的要求。C 语言既具有高级语言的特点,又具有低级语言的某些特征,既可用于开发系统软件,也可用于应用软件的编写。随着计算机技术的飞速发展,虽然 C 语言在软件开发领域的地位已逐渐被一些可视化编程语言(如 Visual Basic、Delphi、VFP 等)所替代,但在工程应用特别是自动控制领域,C 语言依然有着强大的生命力,广泛应用于单片机、PLC 等控制系统的程序编写。

本书具有以下三个方面的特点:一是采用任务驱动、潜移默化、逐渐提高的编排方式,对于每部分内容,都是先提出任务目标,引导学生思考,然后列出参考程序(全部上机通过),指导学生上机练习和调试,再介绍相关知识点,加强基本概念理解,最后通过程序填空、程序改错、程序编写等方式进行课后提升,符合高职高专学生的认知规律,逐步培养并提高学生的编程能力和水平。二是本书在编写过程中,从高职高专教学的实际情况出发,以专业和课程教学标准为依据,认真考虑了内容取舍,突出基本概念的叙述和讲解,加强基础编程能力的培养。从任务实例出发,系统介绍了 C 语言程序设计的基础知识和基本方法,力争做到复杂问题简单化、简单问题实用化。三是考虑了与国家计算机等级考试的衔接,首先在调试环境选择方面,采用了国家计算机等级考试中使用的 Visual C++软件,另外在课后习题的编排上,组织了大量的单项选择、程序填空、程序改错、程序编写等题目,题型与国家计算机等级考试(二级 C 语言)的考试大纲一致。

本书由山东水利职业学院张水利、刘星、李艳红,湖北水利水电职业技术学院朱光波,福建水利电力职业技术学院张晓光负责编写。本书由张水利、朱光波担任主编,由刘星、李艳红、张晓光担任副主编。具体编写分工如下:项目 1、项目 2 由李艳红编写,项目 3、项目4由张水利编写,项目5、项目6由刘星编写,项目7、项目8由朱光波编写,项目9、附录由张晓光编写,全书由张水利负责统稿,由山西水利职业技术学院王红霞担任主审。

本书编写过程中,得到了合作企业的大力支持,豪迈集团的运行管理部提供了许多基础数据和子程序,山东力创科技有限公司的杨会胜总工对本书整体框架提出了诸多建设性意见并认真审阅了全书。另外,书中还有不少程序段来源于网络资料,在此一并表示衷心感谢!

由于编写时间仓促,编者水平有限,书中错误在所难免,敬请广大师生批评指正。作者联系邮箱为 sdsyzsl@ 163. com,恳请各位读者提出宝贵意见。

作　者

2023 年 5 月

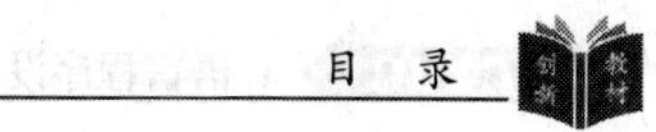

目 录

项目 1　C 语言及编程环境认识

任务 1.1　熟悉 C 语言的编程环境

【任务目标】

屏幕输出三行字符,分别为"Hello World!"、"This is my first C program!"、"好好学习,天天向上!",运行结果如图 1-1 所示(说明:所有程序运行完成后,均会出现图 1-1 中最后一行的英文提示,提醒用户可以按任意键退出 DOS 界面)。

```
"D:\TEST-C\Debug\task01.exe"
Hello World!
This is my first C program!
好好学习, 天天向上!
Press any key to continue
```

图 1-1　任务 1.1 运行结果

【程序代码】

```
01  #include "stdio.h"
02  int main( )
03  {
04        printf( "Hello World! \n" );
05        printf( "This is my first C program! \n" );
06        printf( "好好学习,天天向上! \n" );
07  }
```

【简要说明】

需要注意的是,程序代码中每行程序前面的行号只是为了说明方便而专门另加的,并非程序的组成部分,在上机输入程序时务必将其去掉,否则将会提示语法错误。本书中各任务开头的程序代码均采用这种编排方法,以后不再专门说明。

第 01 行:include 是文件包含命令,stdio.h 是标准输入输出库函数声明所在的头文件,凡是包含输入输出的 C 程序均需要此命令。以后会有该命令及相关头文件的详细说明,此处先作为固定格式记忆即可。

第 02 行:int 是整数类型关键字,main( )是 C 程序的主函数,所有 C 程序均从主函数开始执行。因此,每个 C 程序必须有一个而且只能有一个主函数。本行也是一个固定格式,大家记住即可,后面会有详细说明。

第03行~第07行:花括号{ }内是函数的函数体部分,即函数的具体组成部分。

第04行~第06行:printf( )是屏幕输出库函数,用于按照一定格式从屏幕输出数据,实现人机交互功能,将在后续项目中详细介绍。

【相关知识】

1.1.1 C语言概述

1.1.1.1 C语言的产生

C语言是在20世纪70年代初问世的,后几经发展,美国电话电报公司贝尔实验室于1978年正式发表了C语言。同时,由B. W. Kernighan和D. M. Ritchie合著了著名的*The C Programming Language*一书。但是,在这本书中并没有定义一个完整的标准C语言,后来由美国国家标准协会(American National Standards Institute)在此基础上制定了一个C语言标准,于1983年发表,通常称为ANSI C。早期的C语言主要是用于UNIX操作系统,由于C语言的强大功能和各方面的优点逐渐为人们认识。到了80年代,C语言开始进入其他操作系统,并很快在各类大、中、小、微型计算机上得到广泛的使用,成为最优秀的程序设计语言之一。

1.1.1.2 C语言的发展

标准C语言问世之后,又陆续出现了若干C语言版本,比较流行的包括Microsoft C(或称MS C)、Borland Turbo C(或称Turbo C)、AT&T C等,这些C语言版本不仅实现了ANSI C标准,而且在此基础上各自进行了一些扩充,使之更加方便、完善。

1983年,贝尔实验室又推出了C++,进一步扩充和完善了C语言,使其成为一种面向对象的程序设计语言。C++目前流行的版本包括Borland C++、Symantec C++和Microsoft Visual C++等。C++提出了一些更为深入的面向对象的概念,为程序员提供了一种与传统结构程序设计不同的思维方式和编程方法,因而也增加了整个语言的复杂性。

1.1.1.3 C语言的特点

C语言主要有以下特点:

(1)C语言简洁、紧凑,使用灵活、方便。ANSI C一共有32个关键字、9种控制语句,压缩了一切不必要的成分。C语言书写格式自由,表达方式简洁方便。

(2)运算符丰富。C语言把括号、赋值、逗号等都作为运算符处理,从而使C语言的运算类型多达34种,可以实现其他高级语言难以实现的运算功能。

(3)数据结构类型丰富。不仅有整型、实型、字符型等基本类型,还支持数组、结构、联合等构造类型,可适应不同的程序需要。

(4)C语言允许直接访问物理地址,能进行位(bit)操作,能实现汇编语言的大部分功能。因此,也有人把它称为中级语言,或者称作最接近低级语言的高级语言。

(5)具有结构化的控制语句。

(6)可移植性好。

(7)生成目标代码质量高,程序执行效率高。

(8)语法限制不太严格,程序设计自由度大。

1.1.1.4　C 程序的开发过程

计算机只能识别由二进制构成的机器语言代码,程序员所编写的 C 语言源程序(通常以. c 或者. cpp 为文件扩展名)是无法直接执行的,必须先由 C 编译程序对源程序进行编译,然后经过连接,最终生成机器代码才能为计算机所识别并执行。

C 编译程序首先对源程序进行语法检查,若没有错误则将产生目标代码,并生成目标文件(以. obj 为文件扩展名)。若发现语法错误,则会显示错误信息,提醒程序员进行修改。改正错误后,可以再次进行编译,直到编译正确并生成目标文件。

编译完成后产生的目标文件仅仅是一个内存地址浮动的程序模块,还需要将程序重新定位在确定的绝对地址上,此外还需要将程序中所调用的标准函数库文件[如 printf( )函数]的目标代码结合起来,完成所谓的“连接”,最后生成可执行文件(以. exe 为文件扩展名)。

为方便使用,现在的开发软件均集成了源程序编辑、编译、连接、调试等功能,其安装、使用方法同标准的 Windows 软件类似。目前,国家计算机等级考试二级 C 语言的考试环境采用 Visual C++ 软件,本书以 Visual C++ 6.0 中文绿色版为基础,所有程序均在软件中进行了验证。

1.1.2　Visual C++ 6.0 软件简介

以下简要介绍利用 Visual C++ 6.0 中文绿色版进行 C 语言源程序的调试过程,更详细的软件使用方法可参考软件帮助或者其他相关资料。

第 1 步,启动 Visual C++ 6.0 开发环境。一般可以通过双击桌面上的 Visual C++ 6.0 图标来启动,启动后的界面如图 1-2 所示。

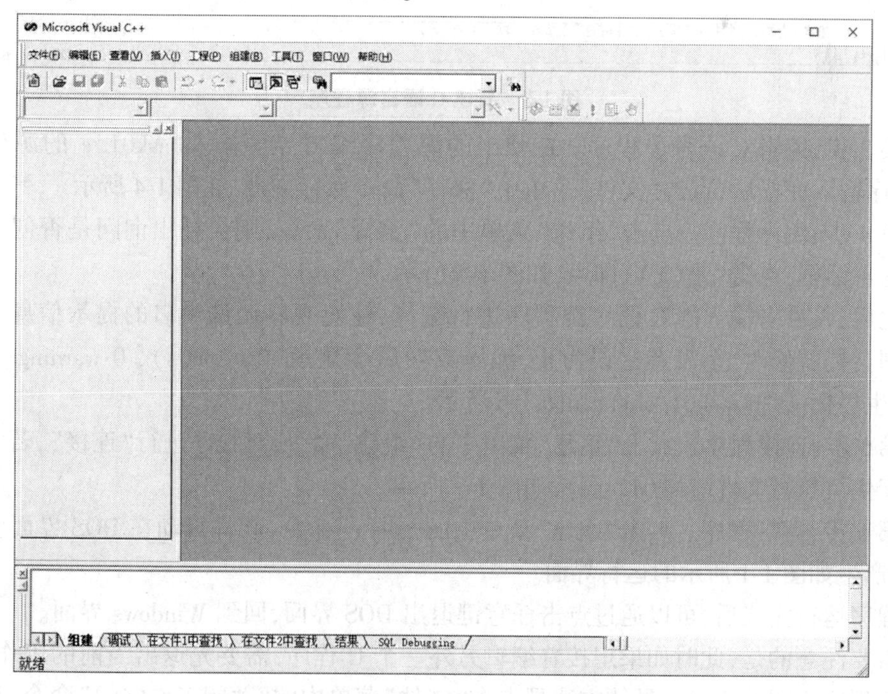

图 1-2　Visual C++ 6.0 开发环境界面

第2步,新建C语言源程序。打开"文件"菜单,执行"新建"命令,在弹出的"新建"对话框中点击"文件"选项卡,然后选择"C++ Source File"选项新建C语言源程序文件,如图1-3所示。在右边的"位置"文本框中输入或者选择文件的存储路径,在"文件名"文本框中输入文件名(此处为task01.c,文件名可以任意,但扩展名应为.c或者.cpp),然后点击"确定"按钮。

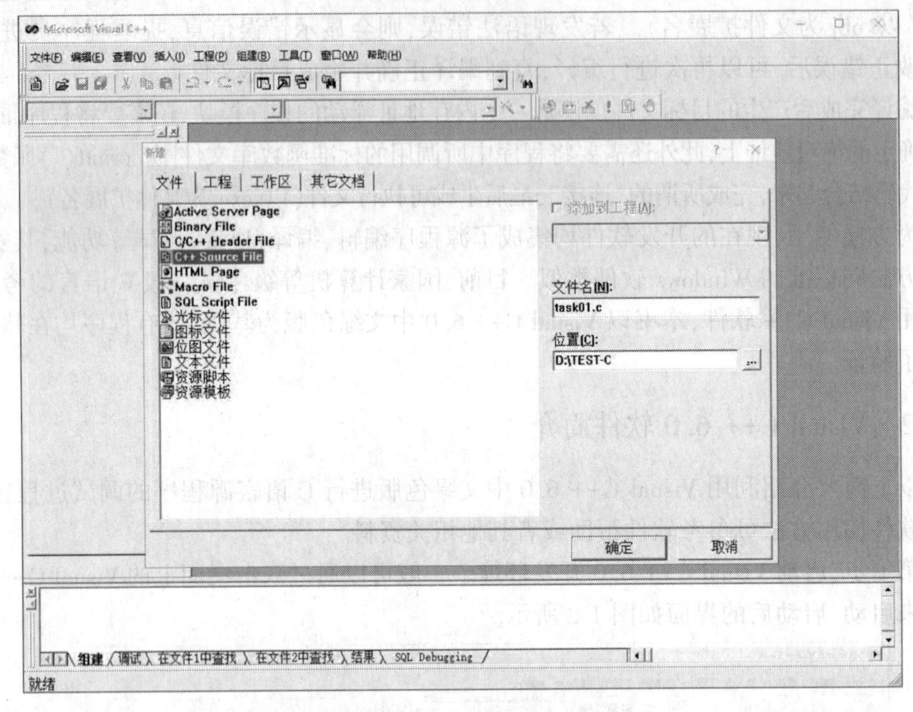

图1-3 新建C语言源程序

第3步,编辑C语言源程序。在弹出的源程序编辑界面输入task01.c的源程序代码,程序输入完毕后,点击"文件"菜单中"保存"命令保存文件,如图1-4所示。

第4步,编译程序。点击"组建"菜单中的"编译"命令,则会弹出询问是否创建工作空间的对话框,点击"是(Y)"即可,如图1-5所示。

之后,软件对输入的C语言源程序进行编译,注意观察调试窗口的提示信息。若有错误则会提醒修改,至没有错误为止,编译成功后会显示"0 error(s), 0 warning(s)"信息,产生目标文件(task01.obj),如图1-6所示。

第5步,连接程序。点击"组建"菜单中的"组建"命令,对程序进行"连接",若无问题则会产生可执行文件(task01.exe),如图1-7所示。

第6步,运行程序。点击"组建"菜单中的"执行"命令,软件自动在DOS界面中执行程序,产生如图1-1所示的运行界面。

程序运行完成后,可以通过点击任意键退出DOS界面,回到Windows界面。

需要注意的是,此时如果想接着编辑另外一个C程序,需要先退出当前的工作空间,以避免程序之间的交叉。具体方法是点击"文件"菜单中的"关闭工作空间"命令,当然也可以直接关闭Visual C++ 6.0软件,然后再重新启动即可。

```
#include "stdio.h"
int main( )
{
    printf( "Hello World!\n" );
    printf( "This is my first C program!\n" );
    printf( "好好学习，天天向上！\n" );
}
```

图 1-4　编辑 C 语言源程序

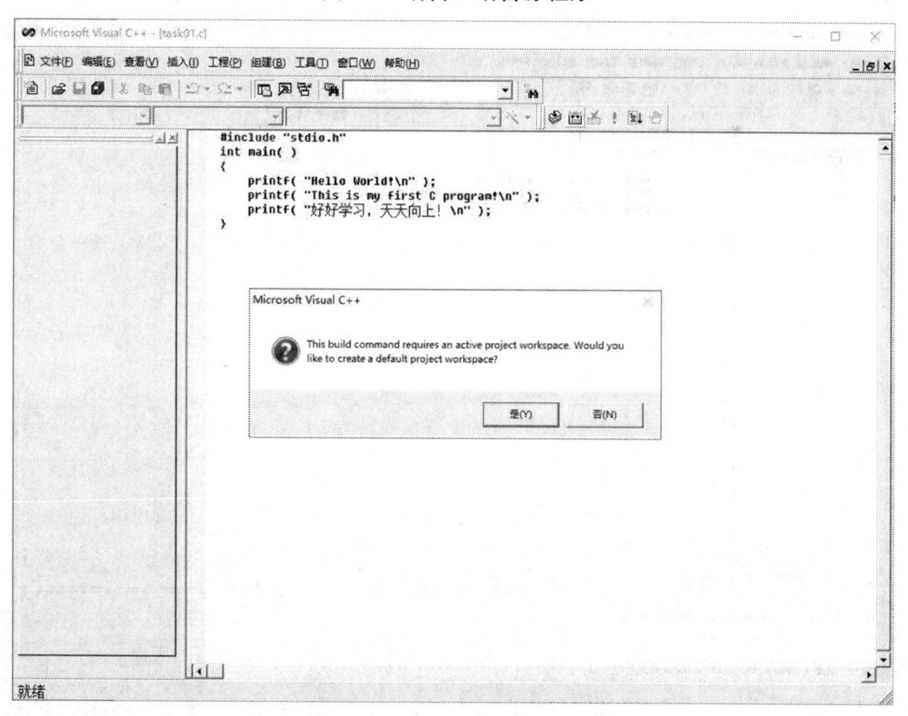

图 1-5　创建工作空间对话框

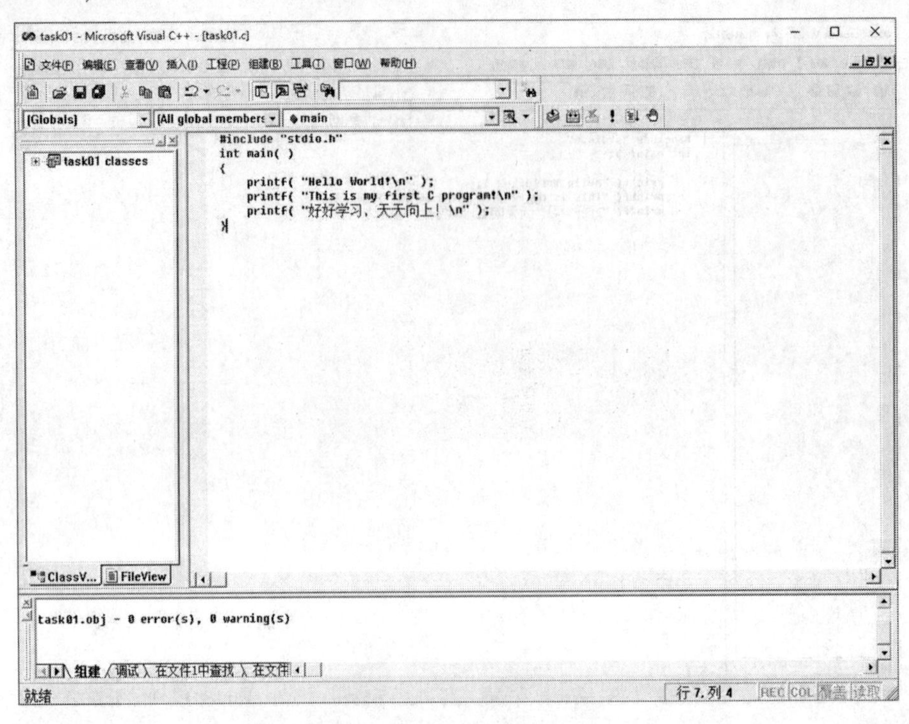

图 1-6　程序编译成功

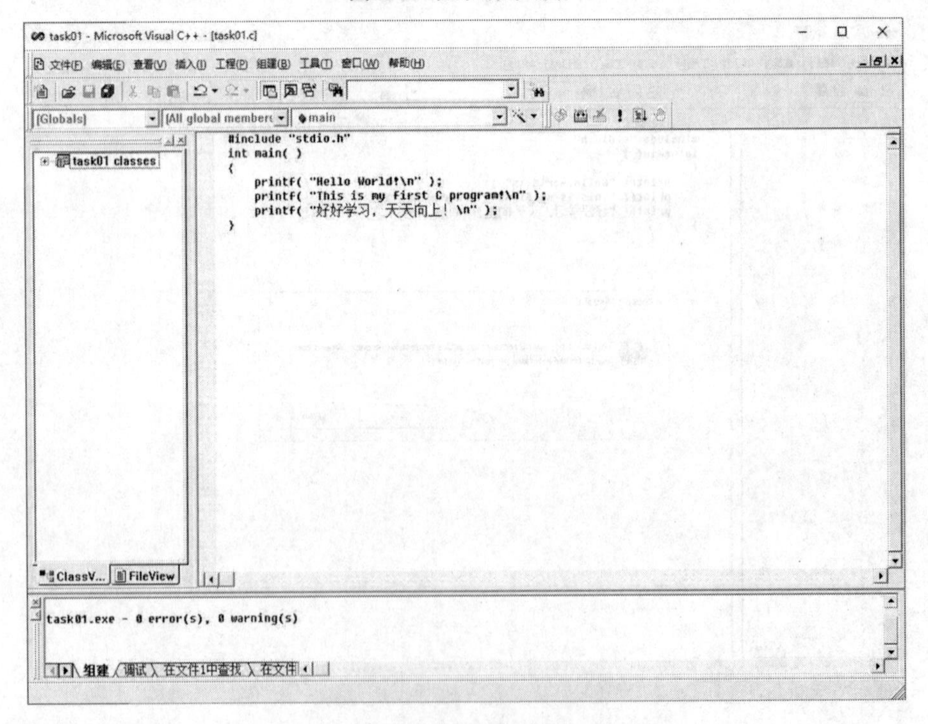

图 1-7　产生可执行文件

任务 1.2 熟悉 C 语言源程序的结构

【任务目标】

根据提示，从键盘上输入两个整数，输出其中较大者。程序运行后，如果从键盘上输入 15 和 78 两个整数，将自动显示较大数 78。运行结果如图 1-8 所示。

```
"D:\Test-C\Debug\task02.exe"
input two numbers:
15 78
Max number=78
Press any key to continue
```

图 1-8 任务 1.2 运行结果

【程序代码】

```
01  /*  注释开始  **
02  作者:张三
03  功能:熟悉 C 语言源程序的结构
04  组成:main 函数、max 函数
05   **  注释结束  */
06  #include "stdio.h"
07  int max(int a,int b)                     //定义 max 函数
08  {
09      int  c;                              //定义变量,用来存放较大的数
10      if(a>b)                              //判断两个数的大小
11          c=a;
12      else
13          c=b;
14      return c;                            //结果返回
15  }
16  int main()                               //定义 main 主函数
17  {
18      int x,y,z;
19      printf("input two numbers:\n");      //提示键盘输入两个数
20      scanf("%d%d",&x,&y);                 //输入 x,y 值
21      z=max(x,y);                          //调用 max 函数比较大小
22      printf("Max number=%d\n",z);         //结果输出
23  }
```

【简要说明】

本程序包含两个函数,其中主函数 main 用于数据输入和结果输出,max 函数用于比较两个数大小并返回较大者。另外,程序中还调用了在 stdio. h 头文件中声明的格式化屏幕输出 printf 和格式化键盘输入 scanf 两个库函数。

第 01 行~第 05 行:注释,仅用于增加程序的可读性,不会对程序运行造成任何影响。C 语言程序中增加注释的方法有两种:对于多行连续注释,以"/*"开头,以"*/"结尾;对于单行注释,以"//"开头即可。上面的程序中,多行连续注释有 1 处,单行注释有 9 处。

第 09 行:定义整型变量,用于存储较大的数值。

第 10 行~第 13 行:是一个 if-else 选择结构,用于比较两个数的大小,将于后续项目中介绍。

第 18 行:定义三个整型变量,用于存储输入输出数据。

第 20 行:scanf 函数同 printf 函数一样,也属于标准输入输出库函数,用于从键盘输入数据,同样将在后续项目中详细介绍。

整个程序的执行过程是,首先在屏幕上显示提示字符串,请用户输入两个数,回车后由 scanf 函数语句接收这两个数送入变量 x、y 中,然后调用 max 函数,并把 x、y 的值传送给 max 函数的参数 a、b。接着,在 max 函数中比较 a、b 的大小,并把较大者赋值给变量 c,返回给主函数的变量 z,最后用 printf 函数在屏幕上输出 z 的值。

【相关知识】

1.2.1 C 语言源程序的结构

(1)一个 C 语言源程序可以由一个或多个源文件组成。

(2)每个源文件可由一个或多个函数组成。

(3)一个源程序不论由多少个文件组成,都必须有一个且只能有一个主函数 main,因为所有 C 程序的执行总是从主函数开始,并最终从主函数结束。

(4)源程序中可以有预编译命令。预编译命令是指在编译期间处理的命令,也称为预处理命令,或者称作编译预处理命令,通常应放在源文件的最前面,include 命令即为其中的一种。

(5)每一个说明、可执行语句都必须以分号结尾,但预处理命令、函数头和花括号"{ }"之后不能加分号。

(6)各个 C 语言词汇之间必须有一定的间隔,一般通过加空格、逗号来实现。

C 语言源程序的结构如图 1-9 所示。

1.2.2 C 语言词汇

在 C 语言中使用的词汇分为六类:标识符、关键字、运算符、分隔符、常量、注释符等。

1.2.2.1 标识符

在程序中使用的变量名、函数名、标号等统称为标识符,即标识一个对象的符号或标

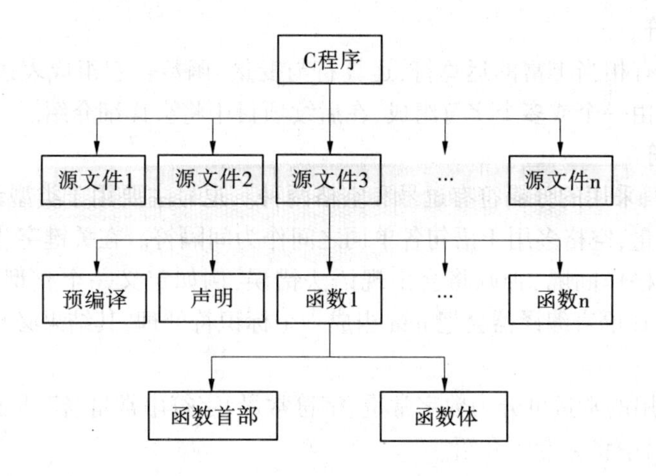

图1-9 C语言源程序的结构

志。除库函数的函数名由系统定义外,其余均由用户自行定义。C语言规定,标识符只能是字母(A~Z,a~z)、数字(0~9)、下划线(_)组成的字符串,并且其第一个字符不能用数字。

例如,以下标识符是合法的:

a, x, x3, BOOK_1, sum5

而以下标识符则是非法的(错误原因附后):

```
3s          // 以数字开头
s*T         // 出现非法字符*
-3x         // 以-(负号)开头
bowy-1      // 出现非法字符-(减号)
```

在使用标识符时,还必须注意以下几点:

(1)标准C语言不限制标识符的长度,但它受各种版本的C语言编译系统限制,同时也受到具体机器的限制,标识符的长度尽量不要过长,以免不能正确识别。

(2)大小写字母是有区别的,例如BOOK和book是两个不同的标识符。

(3)标识符虽然可由程序员随意定义,但标识符是用于标识某个量的符号,因此命名应尽量有相应的含义,以方便理解,尽量做到"望文知义"。

1.2.2.2 关键字

关键字是C语言规定的具有特定意义的字符串,通常也称为保留字,用户定义的标识符不应与关键字相同。C语言中定义了32个关键字,全部采用小写字母,根据其作用分为以下三类:

(1)类型说明符。用于定义或者说明变量、函数、构造类型,如前面用到的int即表示整数类型。

(2)语句定义符。用于表示一个语句的功能,如前面用到的if、else就是条件语句的语句定义符。

(3)预处理命令字。用于表示一个预处理命令,如前面用到的include表示包含命令。

1.2.2.3 运算符

C语言中含有相当丰富的运算符,运算符与变量、函数一起组成表达式,表示各种运算功能。运算符由一个或多个字符组成,在后续项目中将会详细介绍。

1.2.2.4 分隔符

在C语言中,采用的分隔符有逗号和空格两种。逗号主要用于类型说明和函数参数表中分隔各个变量,空格多用于语句各单词之间作为间隔符。在关键字、标识符之间必须有一个以上的空格作间隔,否则将会出现语法错误,例如定义一个整型变量a时把“int a;”写成“inta;”,C语言编译器会把inta当成一个标识符处理,其结果必然出错。

1.2.2.5 常量

C语言中使用的常量可分为数字常量、字符常量、字符串常量、符号常量、转义字符等多种,在后续项目中将会专门介绍。

1.2.2.6 注释符

C语言的注释符是以“/*”开头并以“*/”结尾的字符串,在“/*”和“*/”之间的内容即为注释。注释用来向用户提示或解释程序的意义,注释可出现在程序中的任何位置,程序编译时不对注释进行任何处理。在调试程序中对暂不使用的语句也可用注释符括起来,编译程序将跳过注释不进行处理,待调试结束后再去掉注释符重新编译即可。若需要注释的内容在一行之内,也可采用“//”开头的字符串。

1.2.3 C语言语句

C语言程序的执行部分是由语句组成的,程序的功能也是由执行语句实现的。C语言语句可分为表达式语句、函数调用语句、控制语句、复合语句、空语句等五种。

1.2.3.1 表达式语句

表达式语句由表达式加上分号“;”组成,执行表达式语句就是计算表达式的值。例如:

```
x=y+z;        //赋值语句,将y+z的值赋给变量x;
y+z;          //加法运算语句,但计算结果不能保留,无实际意义;
i++;          //自增语句,变量i的值增加1。
```

1.2.3.2 函数调用语句

函数调用语句由函数名、实际参数加上分号“;”组成。其一般形式为:

函数名(实际参数表);

该语句的功能是调用函数,把实际参数赋予函数定义中的形式参数,然后执行被调函数体中的语句,求取函数值,具体将在后续项目中详细介绍。例如:

```
printf("C Program");    //调用库函数printf,输出字符串C Program。
```

1.2.3.3 控制语句

控制语句用于控制程序的流程,以实现程序的各种控制功能。控制语句由特定的语句定义符组成,C语言有9种控制语句,可分成以下三类(具体功能将在后续项目中介绍):

(1)条件判断语句:if语句、switch语句;

(2)循环执行语句:do while 语句、while 语句、for 语句;

(3)转向语句:break 语句、goto 语句、continue 语句、return 语句。

1.2.3.4　复合语句

把多个语句用括号{ }括起来组成的一个语句称复合语句。在程序中把复合语句看成是单条语句,而不是多条语句。例如:

```
{
    x=y+z;
    a=b+c;
    printf("%d%d",x,a);
}
```

是一条复合语句。

复合语句内的各条语句都必须以分号“;”结尾,但在括号外不能再加分号。

1.2.3.5　空语句

只有分号“;”的语句称为空语句。空语句是什么也不执行的语句,在程序中空语句通常用来作空循环体。例如:

```
while(getchar()! ='\n')
    ;
```

本语句的功能是,只要键盘输入的字符不是回车则重新输入,这里的循环体即为空语句。

1.2.4　C 语言源程序的书写规则

C 语言的语法规则灵活方便,程序书写也比较自由,可以将多个语句写到一行中,也可以将一条语句分到若干行中书写。但从书写清晰,便于阅读、理解、维护的角度出发,在书写程序时一般应遵循以下规则:

(1)一个说明或一个语句占一行。

(2)用{ }括起来的部分,通常表示了程序的某一层次结构。{ }一般与该结构语句的第一个字母对齐,并单独占一行。

(3)低一层次的语句或说明可比高一层次的语句或说明缩进若干格后书写,看起来更加清晰,增加程序的可读性。

大家在编程之初,应力求遵循这些规则,以养成良好的编程习惯。

总结点拨

本项目介绍了 C 语言的发展历史、主要特点、开发过程、程序结构、词汇语句、书写规则等基本概念,使大家对 C 语言程序设计有一个整体的认识。同时,以 Visual C++软件为例,对 C 语言的开发环境进行了介绍,通过两个具体的编程任务,帮助大家快速进入 C 语言程序设计体验之旅。

C 语言作为最基础的编程工具,其应用已经深入到了计算机的方方面面,绝大多数系统软件、应用软件都是基于C语言进行开发的。令人遗憾的是,同EDA工具、CAD软件、操作系统等一样,这些基础软件的核心产权均掌握在别人手中。虽然我们在移动操作系统、低端EDA工具等方面逐步开始解决"卡脖子"问题,但在系统先进性、稳定性、可靠性等方面还有较大差距。对于新时代的有为青年,我们应该虚心学习先进技术,努力打牢专业基础,培养灵活的编程思维,增强创新发展理念,为实现中华民族的伟大复兴而不懈奋斗!

课后提升

一、单项选择题

1. 以下说法中正确的是(　　)。

A. C语言程序总是从第一个定义的函数开始执行

B. C语言程序中,要调用的函数必须在main()函数中定义

C. C语言程序总是从main()函数开始执行

D. C语言程序中的main()函数必须放在程序的开始部分

2. 以下叙述中正确的是(　　)。

A. C语言比其他语言高级

B. C语言可以不用编译就能被计算机识别执行

C. C语言以接近英语国家的自然语言和数学语言作为语言的表达形式

D. C语言出现得最晚,具有其他语言的一切优点

3. 在一个C程序中(　　)。

A. main函数必须出现在所有函数之前

B. main函数可以在任何地方出现

C. main函数必须出现在所有函数之后

D. main函数必须出现在固定位置

4. 以下叙述中正确的是(　　)。

A. C程序中注释部分可以出现在程序中任意合适的地方

B. 花括号"{"和"}"只能作为函数体的定界符

C. 构成C程序的基本单位是函数,所有函数名都可以由用户命名

D. 分号是C语句之间的分隔符,不是语句的一部分

5. 用C语言编写的代码程序(　　)。

A. 可立即执行

B. 是一个源程序

C. 经过编译即可执行

D. 经过编译、解释即可执行

6. 以下叙述中错误的是(　　)。

A. C语言源程序经编译后生成后缀为.obj的目标程序

B. C程序经过编译、连接步骤之后才能形成一个真正可执行的二进制机器指令文件

C. 用C语言编写的程序称为源程序,它以ASCII代码形式存放在一个文本文件中

D. C语言中的每条可执行语句和非执行语句最终都将被转换成二进制的机器指令

7. 以下叙述中正确的是(　　)。

A. C语言程序将从源程序中第一个函数开始执行

B. 可以在程序中由用户指定任意一个函数作为主函数,程序将从此开始执行

C. C语言规定必须用main作为主函数名,程序将从此开始执行,在此结束

D. main可作为用户标识符,用以命名任意一个函数作为主函数

8. 构成C语言程序的主体是(　　)。

A. 函数　　B. 注释　　C. 声明　　D. 文件

9. 以下可以作为标识符的是(　　)。

A. 2a　　B. AS#2w　　C. int　　D. aaaaaaaaa

10. 每一个说明、可执行语句的结尾都必须是(　　)。

A. 逗号　　B. 分号　　C. 空格　　D. 回车

二、程序改错题

请纠正以下程序中的错误,以实现其相应的功能。

1. 计算x+y的值,并将其结果输出。

```
#include "stdio.h"
int main( )
{
   int x,y;
   x=10,y=20
   sum=x+y;
   printf("x+y=%d\n",sum);
}
```

2. 程序运行后,在屏幕输出如下三行信息:

```
* * * * * * * * * * * * * * * * * * * * * *
     How are you?
* * * * * * * * * * * * * * * * * * * * * *
```

```
#include "stdio.h"
int mian( )
{
printf(" * * * * * * * * * * * * * * * * * * * * * * \n");
printf("    How are you?");
printf(" * * * * * * * * * * * * * * * * * * * * * * \n");
}
```

三、程序填空题

请根据程序功能要求补充完善程序,以实现其相应的功能。

1. 从键盘输入两个整数,计算其乘积并输出。

```
#include "stdio.h"
```

```
int main( )
{
    ________                    //定义整型变量a,b,c
    printf("Please input a,b=");
    ________                    //由键盘输入a,b两个整数
    c=a*b;
    printf("a*b=%d\n",c);
}
```

2. 程序运行后,在屏幕输出如下信息:

```
     *
    *  *
   *    *
  * * * * *
 *          *
*             *
```

```
#include "stdio.h"
int main( )
{
    printf("      *\n");
    printf("     *  *\n");
    ____________________
    ____________________
    ____________________
    ____________________
}
```

四、程序编写题

请根据功能要求编写程序,并完成运行调试。

1. 编写程序,运行后在屏幕上输出一个矩形。

2. 从键盘上输入两个整数,比较大小,并输出其中较小者。

项目 2　C 语言的数据类型和表达式应用

任务 2.1　输出常量和变量

【任务目标】

定义不同类型的常量和变量，然后在屏幕上输出其值的大小，观察各种不同类型数据的输出格式。运行结果见图 2-1。

```
符号常量AAA=50
符号常量BBB=2.500000
符号常量CCC=A
整数型变量xxx=30
浮点型变量yyy=5.000000
字符型变量zzz=a
Press any key to continue
```

图 2-1　任务 2.1 运行结果

【程序代码】

```
01  #include "stdio.h"
02  #define  AAA  50
03  #define  BBB  2.5
04  #define  CCC  'A'
05  int main( )
06  {
07      int  xxx;
08      float  yyy;
09      char  zzz;
10      xxx=AAA-20;
11      yyy=BBB * 2;
12      zzz=CCC+32;
13      printf("符号常量 AAA=%d\n",AAA);
14      printf("符号常量 BBB=%f\n",BBB);
15      printf("符号常量 CCC=%c\n",CCC);
16      printf("整型变量 xxx=%d\n",xxx);
17      printf("浮点型变量 yyy=%f\n",yyy);
18      printf("字符型变量 zzz=%c\n",zzz);
19  }
```

【简要说明】

第02行~第04行:define同include一样,均属于编译预处理命令,用来定义三个符号常量AAA、BBB和CCC。

第07行~第09行:用来定义三个变量,分别为整型变量xxx、浮点型变量yyy、字符型变量zzz。

第13行~第15行:分别以整型(%d)、浮点型(%f)、字符型(%c)格式输出三个符号常量。

第16行~第18行:分别以整型、浮点型、字符型格式输出三个变量。

【相关知识】

2.1.1 数据类型

C语言定义的数据类型如图2-2所示。

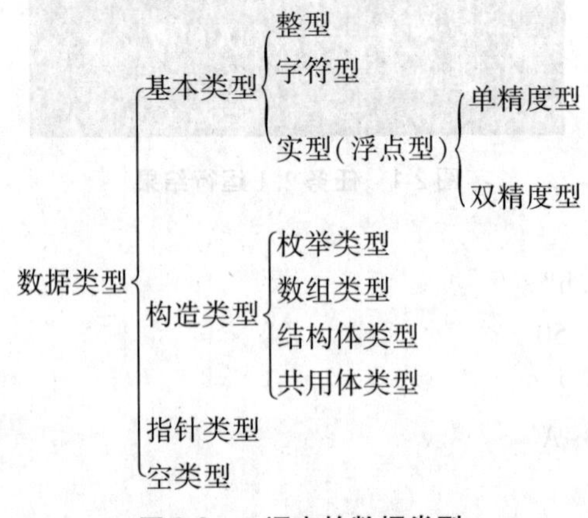

图2-2 C语言的数据类型

(1)基本类型。基本类型数据是指其值不可以再分解为其他类型的数据。

(2)构造类型。构造类型是根据已定义的一个或多个数据类型,用构造的方法来进行定义的。也就是说,一个构造类型的值可以分解成若干个“成员”(或者叫“元素”)。每个“成员”都是一个基本数据类型或者构造数据类型。

(3)指针类型。指针是C语言中一种特有的同时也是最具特色的数据类型,其值用来表示数据在内存中的地址。

(4)空类型。在调用函数时,通常应向调用者返回一个函数值。这个返回的函数值是具有相应数据类型的,应在函数定义及函数说明中给以说明,例如在前面给出的max函数定义中,函数头为“int max(int a,int b)”,其中“int”表示该函数的返回值为整型。当然,如果函数返回值为字符型、浮点型,类型说明也应该相应地更改为“char”、“float”。但也有一类函数,调用后并不需要向调用者返回函数值,这种函数可以定义为“空类型”,其类型说明符为“void”。

此处先介绍基本数据类型中的整型、浮点型和字符型,其余类型在后续项目中介绍。

2.1.2 常量

对于基本类型的数据，按其取值是否可改变又分为常量和变量两种。在程序执行过程中，其值不发生改变的量称为常量，其值可变的量称为变量。它们可与数据类型结合起来分类，例如整型常量、整型变量、浮点常量、浮点变量、字符常量、字符变量、枚举常量、枚举变量，等等。

在程序中，常量是可以不经说明而直接引用的，而变量则必须先定义后使用。

2.1.2.1 整型常量

整型常量就是整常数。在C语言中，整常数有十进制、八进制、十六进制三种表示方法。

(1)十进制。十进制整常数没有前缀，其数码为0~9。

以下各数是合法的十进制整常数：

255、-567、65535、-32767

以下各数不是合法的十进制整常数：

0123(含有前缀0)

123F(含有非十进制数码F)

(2)八进制。八进制整常数必须以0开头，数码取值为0~7，八进制数通常是无符号数。

以下各数是合法的八进制整常数：

015(十进制为13)

0101(十进制为65)

0177777(十进制为65535)

以下各数不是合法的八进制整常数：

25(缺少前缀0，当然可以认为是十进制数25)

03A(包含了非八进制数码A)

-0127(出现了负号)

(3)十六进制。十六进制整常数的前缀为0X(或者0x)，其数码取值为0~9、A~F(或者a~f)，十六进制也为无符号数。

以下各数是合法的十六进制整常数：

0x2a(十进制为42)

0XA0(十进制为160)

0xffff(十进制为65535)

以下各数不是合法的十六进制整常数：

5A(缺少前缀0X)

0X3H(含有非十六进制数码H)

需要说明的是，计算机内部所有数据均为二进制。在16位字长的机器上，基本整型的长度也为16位二进制数，因此表示的数的范围也是有限定的。十进制无符号整常数的范围为0~65535，有符号数为-32768~+32767，八进制无符号数的表示范围为0~

0177777,十六进制无符号数的表示范围为0X0~0XFFFF或0x0~0xffff。如果使用的数超过了上述范围,就必须用长整型数来表示。

长整型数是用后缀“L”或“l”来表示的。例如:

十进制长整常数:

258l(十进制为258)、1234567890L(十进制为1234567890)

八进制长整常数:

077l(十进制为63)、0200000L(十进制为65536)

十六进制长整常数:

0x15l(十进制为21)、0X10000L(十进制为65536)

长整数158L和基本整常数158在数值上并无区别。但对于长整型量,C编译系统将为它分配4个字节的存储空间。而对于基本整型,只分配2个字节的存储空间。

另外,无符号数也可用后缀表示,整型常数无符号数的后缀为“U”或“u”。例如:

358u、0x38afu、235Lu

2.1.2.2 实型常量

实型也称为浮点型,实型常量也称为实数或者浮点数。在C语言中,实数只采用十进制,有小数、指数两种表示形式。

(1)小数形式。由数码0~9和小数点组成。例如:

0.0、123.0、6.789、0.00345、35.000、-267.823、-300.

(2)指数形式。由十进制数加阶码标志“E”(或者“e”)以及阶码组成。注意,阶码只能为整数,但可以带符号。例如:

2.22E5(等于2.22×10^{5})

13.7E-2(等于13.7×10^{-2})

0.4e7(等于0.4×10^{7})

-0.0025e-2(等于-0.0025×10^{-2})

以下不是合法的实数:

12345(无小数点,实质应为一个整数)

E7(阶码标志E之前无数字)

555.-E3(阶码符号位置错误)

2.3E(无阶码数值)

同样,C语言允许浮点数使用后缀“f”或“F”表示该数为浮点数。例如356f和356.是等价的。

2.1.2.3 字符常量

字符常量是用单引号括起来的一个字符,例如'a'、'b'、'='、'+'、'?'都是合法字符常量。在C语言中,字符常量只能用单引号括起来,不能用双引号或其他括号。字符常量只能是单个字符,不能是一串字符,字符可以是ASCII字符集(见附录A)中的任意字符。但要注意,数字也可以被定义为字符型,如'5'和5是不同的两个常量,其数值也是不同的。

在C语言中,还有一类特殊的字符型常量,称作转义字符,主要用来表示那些用一般

字符不便于表示的控制代码。转义字符以反斜线"\"开头,后跟一个或几个字符。转义字符具有特定的含义,不同于字符原有的意义,因此称为"转义"字符。例如,在前面多次使用的 printf 函数格式串中用到的"\n"就是一个转义字符,其意义是"回车换行"。

常用的转义字符如表 2-1 所示。

表 2-1　常用的转义字符

转义字符	意义	ASCII 代码值
\n	回车换行	10
\t	制表符(相当于 tab 键)	9
\b	退格(相当于 backspace 键)	8
\r	回车(相当于 enter 键)	13
\f	换页符	12
\\	反斜线符号\	92
\'	单引号'	39
\"	双引号"	34
\a	报警(铃声)	7
\0	空字符 null	0
\ddd	1~3 位八进制数所代表的字符	
\xhh	1~2 位十六进制数所代表的字符	

广义地讲,C 语言字符集中的任何一个字符均可用转义字符来表示,格式如表 2-1 中的\ddd 和\xhh 所示,ddd 和 hh 分别为八进制和十六进制的 ASCII 代码。例如:

\101　　表示字母"A"(八进制 101 表示十进制的 65)

\x0a　　表示回车换行(十六进制 0a 表示十进制的 10)

2.1.2.4　字符串常量

字符串常量是由一对双引号括起来的字符序列,例如"CHINA"、"C program"、"$12.5"等都是合法的字符串常量。

字符串常量和字符常量是不同的量,它们之间主要有以下区别:

(1)字符常量由单引号括起来,字符串常量由双引号括起来。

(2)字符常量只能是单个字符,字符串常量则可以含一个或多个字符。

(3)可以把一个字符常量赋予一个字符变量,但不能把一个字符串常量赋予一个字符变量。在C语言中没有字符串变量,但可以用一个字符数组来存放一个字符串常量。具体内容将在后续相关项目中介绍。

(4)字符常量占一个字节的内存空间,字符串常量占的内存字节数等于字符串中字节数加1,增加的一个字节中存放字符串结束标志'\0'(ASCII码为0)。

2.1.2.5 符号常量

在C语言中,可以用一个标识符来表示一个常量,称为符号常量。符号常量在使用之前必须先定义,通常放在程序的开头部分,其一般形式为:

```
#define  标识符  常量
```

define也是一条编译预处理命令(预处理命令都以"#"开头),称为宏定义命令,其功能是把该标识符定义为其后的常量值。一经定义,以后在程序中所有出现该标识符的地方均代之以该常量值。例如:

```
#define  PI  3.14159
```

作如上定义之后,程序后面出现的所有PI均将直接替换为3.14159。

符号常量通常用含义明确的大写字母表示,比如用"PI"表示3.14159,用"PRICE"表示某种商品的价格等。这样做的好处是见到符号就知道了其意义,另外就是如果程序中大量使用同一个符号常量,可以做到"一改全改"。

2.1.3 变量

其值可以改变的量称为变量,一个变量应该有一个名字,在内存中占据一定的存储单元(字节数)。C语言规定,变量定义必须放在变量使用之前,一般放在函数体的开头部分。对变量的定义可以包括三个方面:数据类型、存储类型、作用域,在此只介绍数据类型的定义,存储类型和作用域的概念将在后续项目中介绍。

2.1.3.1 变量的基本数据类型

变量的基本数据类型同样包括整型、实型、字符型三大类,再加上长短、有无符号等修饰符,又细分为许多小类。C语言中支持的变量基本数据类型如表2-2所示。

表2-2 变量的基本数据类型

基本数据类型	类型说明符	字节数	数值范围
有符号基本整型	(signed) int	4	-2147483648~2147483647
无符号基本整型	unsigned (int)	4	0~4294967295
有符号短整型	(signed) short (int)	2	-32768~32767
无符号短整型	unsigned short (int)	2	0~65535
有符号长整型	(signed) long (int)	4	-2147483648~2147483647
无符号长整型	unsigned long (int)	4	0~4294967295

续表 2-2

基本数据类型	类型说明符	字节数	数值范围
浮点型	float	4	10^{-37} ~ 10^{38}
双精度型	double	8	10^{-307} ~ 10^{308}
长双精度型	long double	16	10^{-4931} ~ 10^{4932}
有符号字符型	(signed) char	1	-128~127
无符号字符型	unsigned char	1	0~255

注:1. 表格中的字节数是指在 Visual C++软件中的字节数,其他软件版本中可能有所不同。比如在 Turbo C 中基本整型只占两个字节。

2. 表格中类型说明符带括号部分表示可选项,即可有可无。比如有符号基本整型变量可以定义为"int",也可以定义为"signed int",而有符号短整型变量可以定义为"short",也可以定义为"signed short int"或者"short int"。本书后续项目中会有大量内容采用这种表达方法,即括号中内容为可选项,到时不再单独说明。

2.1.3.2 变量的定义

变量定义的一般形式为:

类型说明符　变量名标识符, 变量名标识符, ... ;

例如:

```
int a,b,c;          //定义 a,b,c 为有符号基本整型变量(一般简称为整型变量)
long x,y;           //定义 x,y 为有符号长整型变量
unsigned iii;       //定义 iii 为无符号基本整型变量
```

在书写程序时,应注意以下几点:

(1)允许在一个类型说明符后定义多个相同类型的变量,各变量名之间用逗号间隔。类型说明符与变量名之间至少用一个空格间隔。

(2)整条语句的最后必须以";"号结尾。

(3)变量定义必须放在变量使用之前,即先定义,后使用。

2.1.3.3 变量的初始化

变量定义之后,便会分配内存空间,因而变量定义之后就是有值的,只不过是一个不确定的数值。为了避免使用不确定的数值,在程序中常常需要对变量赋初值,以便使用变量。可以在使用之前赋初值,也可以在定义的同时给变量赋以初值,这就是变量的初始化。

在变量定义中赋初值的一般形式为:

类型说明符 变量1=值1, 变量2=值2, ... ;

例如:

```
int a=3;
int b,c=5;
float x=1.23,y=-0.5,z=20f;
char ch1='X',ch2;
```

上面例子中,变量 b 和 ch2 没有初始化,可以在使用前再给其赋值。

2.1.4 数据类型转换

变量的数据类型是可以转换的。转换的方法有两种,一种是自动转换,另一种是强制转换。

2.1.4.1 自动转换

自动转换发生在不同数据类型的混合运算时,由编译系统自动完成。自动转换遵循以下规则:

(1)若参与运算的两个量类型不同,则先转换成同一类型,然后进行运算。

(2)转换按数据长度增加的方向进行,以保证精度不降低。如 int 型和 long 型运算,先把 int 型转成 long 型再进行运算。

(3)所有的浮点运算都是以双精度进行的,即使仅含 float 单精度量运算的表达式,也要先转换成 double 型,再作运算。

(4)char 型和 short 型参与运算时,首先转换成 int 型。

(5)在赋值运算中,赋值号两边量的数据类型不同时,赋值号右边量的类型将转换为左边量的类型。如果右边量的数据类型长度大于左边量的数据类型长度,将丢失一部分数据,这样会降低精度,丢失的部分按四舍五入原则处理。

2.1.4.2 强制转换

强制类型转换是通过类型转换运算来实现的。其一般形式为:

(类型说明符)　(表达式)

其功能是把表达式的运算结果强制转换成类型说明符所表示的类型。例如:

```
(float) a          //把 a 转换为实型
(int)(x+y)         //把 x+y 的结果转换为整型
```

在使用强制转换时,应注意以下问题:

(1)类型说明符和表达式都必须加括号(若表达式为单个变量可以不加括号)。比如,若把(int)(x+y)写成(int)x+y,则成了把 x 转换成 int 型之后再与 y 相加。

(2)对于变量而言,无论是强制转换还是自动转换,都只是为了本次运算的需要而对变量的数据长度进行的临时性转换,不会改变数据说明时对该变量定义的类型。

下面来看一个简单的例子。

```
#include "stdio.h"
int main( )
{
    float f=12.345;
    printf("(int)f=%d, ",(int)f);
    printf("f=%f\n",f);
}
```

屏幕输出结果为:

```
(int)f=12, f=12.345000
```

任务 2.2　数值运算表达式应用

【任务目标】

通过数值运算程序练习,掌握算术表达式、赋值表达式、逗号表达式的概念及应用。运行结果见图 2-3。

```
简单算术运算符:
x1+x2=55
x1-x2=9
x1*x2=736
x1/x2=1
y1/y2=1.39
自增自减运算符:
11
10
10
11
-10
-11
赋值运算符:
a1+4=24
a2-4=16
a3*4=80
a4/4=5
a5=0
a6/4.0=5.000000
24,   16,   80,   5,   0,   20
逗号运算符:
m=6,n=10
Press any key to continue
```

图 2-3　任务 2.2 运行结果

【程序代码】

```
01  #include "stdio.h"
02  int main()
03  {
04      int x1=32,x2=23;
05      float y1=32.0,y2=23.0;
06      int i=10;
07      int a1,a2,a3,a4,a5,a6;
08      int b1=2,b2=4,b3=6,m,n;
09      a1=a2=a3=a4=a5=a6=20;
10      printf("简单算术运算符:\n");
11      printf("x1+x2=%d\n",x1+x2);
```

```
12        printf("x1-x2=%d\n",x1-x2);
13        printf("x1 * x2=%d\n",x1 * x2);
14        printf("x1/x2=%d\n",x1/x2);
15        printf("y1/y2=%.2f\n",y1/y2);
16        printf("自增自减运算符:\n");
17        printf("%d\n",++i);
18        printf("%d\n",--i);
19        printf("%d\n",i++);
20        printf("%d\n",i--);
21        printf("%d\n",-i++);
22        printf("%d\n",-i--);
23        printf("赋值运算符:\n");
24        printf("a1+4=%d\n",a1+=4);
25        printf("a2-4=%d\n",a2-=4);
26        printf("a3 * 4=%d\n",a3 * =4);
27        printf("a4/4=%d\n",a4/=4);
28        printf("a5%4=%d\n",a5%=4);
29        printf("a6/4.0=%f\n",a6/4.0);
30        printf("%d,  %d,  %d,  %d,  %d,  %d\n",a1,a2,a3,a4,a5,a6);
31        printf("逗号运算符:\n");
32        m=b1+b2,n=b2+b3;
33        printf("m=%d,n=%d\n",m,n);
34    }
```

【简要说明】

第11行~第15行:主要练习加减乘除等简单算术运算符的应用。

第17行~第22行:主要练习自增自减运算符的应用。

第24行~第29行:主要练习赋值运算符的应用。

第32行~第33行:主要练习逗号运算符的应用。

【相关知识】

2.2.1 C语言的运算符

C语言定义的运算符和表达式数量之多,在高级语言中是少见的,正是丰富的运算符和表达式使C语言功能十分完善,这也是C语言的主要特点之一。

C语言的运算符不仅具有不同的优先级,还要注意不同的结合性。也就是说,在表达式中各运算量参与运算的先后顺序不仅要遵守运算符优先级别的规定,还要受运算符结合性的制约,以便确定是自左向右进行运算还是自右向左进行运算。

2.2.1.1　C 语言运算符的分类

C 语言的运算符可分为以下几类：

(1)算术运算符。用于简单算术运算，包括加(+)、减(-)、乘(*)、除(/)、求余(%)、自增(++)、自减(--)，共有七种。

(2)关系运算符。用于比较运算，包括大于(>)、小于(<)、等于(==)、大于等于(>=)、小于等于(<=)和不等于(!=)六种。

(3)逻辑运算符。用于逻辑运算，包括与(&&)、或(||)、非(!)三种。

(4)位运算符。用于对二进制位进行运算。包括位与(&)、位或(|)、位非(~)、位异或(^)、左移(<<)、右移(>>)六种。

(5)赋值运算符。用于赋值运算，包括简单赋值(=)、复合算术赋值(+=、-=、*=、/=、%=)和复合位运算赋值(&=、|=、^=、>>=、<<=)，共有十一种。

(6)逗号运算符。逗号运算符(,)用于把若干表达式组合成一个表达式。

(7)条件运算符。条件运算符(?:)是一个三目运算符，用于根据条件求值。

(8)指针运算符。包括取内容(*)和取地址(&)两种运算符。

(9)求字节数运算符。求字节数运算符(sizeof)用于计算数据类型所占的字节数。

(10)特殊运算符。包括括号()、下标[]、成员(->和.)等几种。

本任务主要介绍前六类运算符，其他运算符将在后续项目中介绍。

2.2.1.2　C 语言运算符的优先级和结合性

C 语言中，运算符的运算优先级共分为 15 级，1 级最高，15 级最低，具体可参考本书附录。在表达式中，优先级较高的先于优先级较低的进行运算。而在一个运算量两侧的运算符优先级相同时，则按运算符的结合性所规定的结合方向处理。

C 语言中各运算符的结合性分为两种，即左结合性和右结合性。例如算术运算符的结合性是自左至右，即先左后右。如有表达式 x-y+z，根据左结合性，则 y 应先与左侧的“-”号结合，执行 x-y 运算，然后再执行+z 的运算。这种自左至右的结合方向就称为左结合性，而自右至左的结合方向称为右结合性。最典型的右结合性运算符是赋值运算符，如 x=y=z，由于“=”的右结合性，应先执行 y=z 再执行 x=(y=z)运算。C 语言运算符中还有不少为右结合性，应注意区别。

2.2.2　算术运算符和算术表达式

2.2.2.1　基本算术运算符

(1)加法运算符。加法运算符为双目运算符，即应有两个量参与加法运算，具有左结合性。比如：a+b、4+8。

(2)减法运算符。减法运算符为双目运算符，具有左结合性。但“-”也可作负值运算符，此时为单目运算符。比如：-x、-5。

(3)乘法运算符。双目运算符，具有左结合性。

(4)除法运算符。双目运算符，具有左结合性。参与运算量均为整型时，结果也为整型，舍去小数。如果运算量中有一个是实型，则结果为双精度实型。

(5)求余运算符。双目运算符，具有左结合性。要求参与运算的量均为整型，求余运算的结果等于两数相除后的余数。

2.2.2.2 算术表达式

表达式是由常量、变量、函数和运算符组合起来的式子。一个表达式有一个值及其类型，它们等于计算表达式所得结果的值和类型。表达式求值按运算符的优先级和结合性规定的顺序进行。单个的常量、变量、函数可以看作是表达式的特例。

算术表达式是用算术运算符和括号将运算对象(也称操作数)连接起来的、符合C语法规则的式子。比如:a+b、(a*2)/c、(x+r)*8-(a+b)/7等。

2.2.2.3 自增、自减运算符

C语言中还有其他高级语言中很少见的两个运算符“++”和“--”,分别为自增、自减运算符。自增运算符记为“++”,其功能是使变量的值自增1;自减运算符记为“--”,其功能是使变量值自减1。

自增、自减运算符均为单目运算符,具有右结合性。可有以下四种形式(以变量i为例):

(1)++i。i自增1后再参与其他运算。

(2)--i。i自减1后再参与其他运算。

(3)i++。i参与运算后,i的值再自增1。

(4)i--。i参与运算后,i的值再自减1。

下面来看一个自增、自减的具体应用程序。

```
#include "stdio.h"
int main( )
{
    int i=8;
    printf("%d\n",++i);
    printf("%d\n",--i);
    printf("%d\n",i++);
    printf("%d\n",i--);
    printf("%d\n",-i++);
    printf("%d\n",-i--);
}
```

其执行过程为:让i的初值为8,i加1后输出(i为9),减1后输出(i为8)。输出i为8后再加1(i为9),输出i为9后再减1(i为8);接着输出-8后再加1(i为9),最后输出-9后再减1(i为8)。

再来看一个更为复杂的例子。

```
#include "stdio.h"
int main( )
{
    int i=5,j=5,p,q;
    p=(i++)+(i++)+(i++);
```

```
    q=(++j)+(++j);
    printf("%d,%d,%d,%d",p,q,i,j);
}
```

这个程序中，p=(i++)+(i++)+(i++)应理解为三个i相加，故p值为15。然后i再自增1三次，故i的最终值为8。而对于q的计算过程则不然，q=(++j)+(++j)应理解为j先自增1，再参与运算，由于j自增1两次后值为7，两个7相加的和为14，因而q的值为14，j的最终值为7。

对于自增、自减运算符，大家初次理解可能比较困难，应用熟练之后就会发现这两个运算符的高效之处。

2.2.3　赋值运算符和赋值表达式

2.2.3.1　简单赋值运算

简单赋值运算符记为“=”，由“=”连接的式子称为赋值表达式。其一般形式为：

变量=表达式

例如x=a+b、w=sin(a)+sin(b)、y=i+++--j等均为合法的赋值表达式。

赋值表达式的功能是计算表达式的值再赋予左边的变量，赋值运算符具有右结合性。比如，a=b=c=5可理解为a=(b=(c=5))。

在其他高级语言中，赋值一般定义为专门的语句，称为赋值语句。而在C语言中，把“=”定义为运算符，从而组成赋值表达式。也就是说，凡是表达式可以出现的地方均可出现赋值表达式。例如，式子x=(a=5)+(b=8)是合法的。它的意义是把5赋予a，8赋予b，再把a，b相加，它们的和赋予x，故x应等于13。

当然，在C语言中也可以组成赋值语句。按照C语言规定，任何表达式在其末尾加上分号就构成语句。比如：

```
x=8;      a=b=c=5;
```

都是赋值语句，在前面各例中已经大量使用过了。

2.2.3.2　复合赋值运算

在简单赋值运算符“=”之前加上其他双目运算符可构成复合赋值符，具体包括+=、-=、*=、/=、%=、<<=、>>=、&=、^=、|=。下面是几个常见的例子：

```
a+=5;          //等价于a=a+5
x*=y+7;        //等价于x=x*(y+7)
```

复合赋值符虽然看起来不太习惯，但却有利于编译处理，能提高编译效率并产生质量较高的目标代码。

2.2.4　逗号运算符和逗号表达式

在C语言中，逗号“,”也是一种运算符，称为逗号运算符。其功能是把两个表达式连接起来组成一个表达式，称为逗号表达式。其一般形式为：

表达式1，表达式2

其求值过程是：分别求两个表达式的值，并以表达式2的值作为整个逗号表达式的值。例如：

a=(b=2+3, c=4+5)；

执行上述语句后，先计算 b=5，再计算 c=9，最后赋值 a=9。

需要说明的是，逗号表达式一般形式中的表达式 1 和表达式 2 也可以又是逗号表达式。例如：

表达式 1，(表达式 2，表达式 3)

这就形成了嵌套情形。另外，逗号运算符具有右结合性，因此可以把逗号表达式扩展为以下形式：

表达式 1，表达式 2，…，表达式 n

整个逗号表达式的值等于表达式 n 的值。

程序中使用逗号表达式，通常是要分别求逗号表达式内各表达式的值，并不一定要求整个逗号表达式的值。

还要注意，并不是在所有出现逗号的地方都组成逗号表达式，如在变量说明、函数参数表中逗号只是用作各变量之间的间隔符。

任务 2.3　逻辑运算表达式应用

【任务目标】

掌握关系表达式、逻辑表达式、位运算表达式的概念及应用。运行结果见图 2-4。

```
关系运算符
a>b的结果为: 0
a>=b的结果为: 0
a<b的结果为: 1
a!=b的结果为: 1
a==b的结果为: 0
逻辑运算符
(a>b)&&(b>c)的结果为: 0
(a>b)||(b>c)的结果为: 1
!(b>c)的结果为: 0
位运算符
i=24930
j=98
k=97
Press any key to continue
```

图 2-4　任务 2.3 运行结果

【程序代码】

```
01  #include "stdio.h"
02  int main()
03  {
04      int a=0,b=1,c=-15;
```

```
05      char x='a',y='b';
06      int i,j,k;
07      printf("关系运算符\n");
08      printf("a>b 的结果为:%d\n",a>b);
09      printf("a>=b 的结果为:%d\n",a>=b);
10      printf("a<b 的结果为:%d\n",a<b);
11      printf("a!=b 的结果为:%d\n",a!=b);
12      printf("a==b 的结果为:%d\n",a==b);
13      printf("逻辑运算符\n");
14      printf("(a>b)&&(b>c)的结果为:%d\n",(a>b)&&(b>c));
15      printf("(a>b)||(b>c)的结果为:%d\n",(a>b)||(b>c));
16      printf("!(b>c)的结果为:%d\n",!(b>c));
17      i=(x<<8)|y;
18      j=i&0xff;
19      k=(i&0xff00)>>8;
20      printf("位运算符\n");
21      printf("i=%d\nj=%d\nk=%d\n",i,j,k);
22  }
```

【简要说明】

第 07 行~第 12 行:主要练习各种关系运算符的应用。

第 14 行~第 16 行:主要练习各种逻辑运算符的应用。

第 17 行~第 21 行:主要练习各种位运算符的应用。

【相关知识】

计算机内的运算实质均为二进制运算,二进制只有 1、0 两个数值,没有中间值,平时用到的整数、实数运算都是通过增加运算位数来进行复杂运算的。但在有些情况下,特别是在自动控制领域,只要得到启动、停止信号就可以了,这类控制也称为逻辑控制。与此对应,完成真假、对错、是否等判断的运算称为逻辑运算,这在计算机内部实现起来非常方便。

在 C 语言中,实现逻辑类运算的运算符有关系运算符、逻辑运算符、位运算符等三种。

2.3.1　关系运算符和关系表达式

2.3.1.1　关系运算符

在 C 语言中,有六种关系运算符。

(1)<:小于。

(2)<=:小于或等于。

(3)>:大于。

(4)>=:大于或等于。

(5)= =:等于。

(6)!=:不等于。

关系运算符都是双目运算符,均为左结合性。

关系运算符的优先级低于算术运算符,高于赋值运算符。在六个关系运算符中,<、<=、>、>=的优先级相同,高于= =和!=(= =和!=的优先级也相同)。

2.3.1.2 关系表达式

关系表达式的一般形式为:

表达式 关系运算符 表达式

例如,a+b>c-d、x>3/2、'a'+1<c、-i-5 * j= =k+1 都是合法的关系表达式。

其中的表达式也可以又是关系表达式,即关系表达式也允许出现嵌套的情况。例如,a>(b>c)、a!=(c= =d)也都是合法的关系表达式。

2.3.1.3 关系表达式的值

关系表达式的值只有"真"和"假"两种情况,分别用"1"和"0"表示。比如,关系表达式"5>0"的值为真,即为1。再如,关系表达式"(a=3)>(b=5)",由于"3>5"不成立,故其值为假,即为0。

下面来看一个稍微复杂一点的例子。

```
#include "stdio.h"
int main( )
{
    char c='k';
    int i=1,j=2,k=3;
    float x=3e+5,y=0.85;
    printf("%d,%d\n",'a'+5<c,-i-2*j>=k+1);
    printf("%d,%d\n",1<j<5,x-5.25<=x+y);
    printf("%d,%d\n",i+j+k==-2*j,k==j==i+5);
}
```

大家可以自行计算各个关系表达式的值。需要注意的是,字符变量是以它对应的ASCII码值参与运算的。而对于含多个关系运算符的表达式,如 k= =j= =i+5,根据运算符的左结合性,先计算 k= =j,该式不成立,其值为0,再计算 0= =i+5,也不成立,因此表达式值为0。

2.3.2 逻辑运算符和逻辑表达式

2.3.2.1 逻辑运算符

在C语言中,共有三种逻辑运算符:

(1)&&:与运算。

(2)||:或运算。

(3)!:非运算。

与运算符 && 和或运算符||均为双目运算符,具有左结合性。非运算符! 为单目运算符,具有右结合性。

在优先级方面,非运算符! 的优先级别最高,甚至高于算术运算符。而与运算符 && 和或运算符||的优先级别低于关系运算符,两者相比,与运算符 && 的优先级高于或运算符||。

例如以下几个表达式,按照运算符的优先顺序可以得出:

a>b && c>d　　等价于　　(a>b)&&(c>d)

! b==c||d<a　　等价于　　((! b)==c)||(d<a)

a+b>c&&x+y<b　　等价于　　((a+b)>c)&&((x+y)<b)

2.3.2.2 逻辑运算的值

逻辑运算的值也为"真"和"假"两种,用"1"和"0"来表示。其运算规则如下:

(1)与运算 &&。参与运算的两个量都为真时,结果才为真,否则为假。

例如"5>0 && 4>2",由于5>0为真,4>2也为真,相与的结果也为真。

(2)或运算||。参与运算的两个量只要有一个为真,结果就为真。两个量都为假时,结果为假。

例如"5>0||5>8",由于5>0为真,最后的结果也就为真。

(3)非运算!。参与运算量为真时,结果为假;参与运算量为假时,结果为真。

2.3.2.3 逻辑表达式

逻辑表达式的一般形式为:

表达式　逻辑运算符　表达式

其中的表达式可以又是逻辑表达式,从而组成了嵌套的情形。

例如"(a&&b)&&c",根据逻辑运算符的左结合性,上式也可写为"a&&b&&c"。

逻辑表达式的值是式中各种逻辑运算的最后值,同样以"1"和"0"分别代表"真"和"假"。

下面来看一个具体的例子。

```
#include "stdio.h"
int main( )
{
    char c='k';
    int i=1,j=2,k=3;
    float x=3e+5,y=0.85;
    printf("%d,%d\n",! x*! y,!!! x);
    printf("%d,%d\n",x||i&&j-3,i<j&&x<y);
    printf("%d,%d\n",i==5&&c&&(j=8),x+y||i+j+k);
}
```

本例中,! x和! y分别为0,! x*! y也为0,因此其输出值为0。由于x为非0,因此!!! x的逻辑值为0。对于x|| i && j-3,先计算j-3的值,为非0,再求i &&j-3的逻辑值,为1,因此x||i&&j-3的逻辑值为1。对i<j&&x<y式,由于i<j的值为1,而x<y为0,

因此表达式的值为1、0相与，最后为0。对于i==5&&c&&(j=8)，由于i==5为假，即值为0，该表达式由两个与运算组成，所以整个表达式的值为0。对于x+y||i+j+k，由于x+y的值为非0，因此整个或运算表达式的值为1。

2.3.3　位运算符和位运算

前面介绍的各种运算都是以字节单位进行的，但在很多系统程序中经常要求在位(bit)一级进行运算或处理。C语言提供了位运算的功能，这使得C语言也能像汇编语言一样用来编写系统程序和自动控制程序。

2.3.3.1　位运算符

在C语言中，共有六种位运算符。

(1)&：按位与。

(2)|：按位或。

(3)^：按位异或。

(4)~：按位取反。

(5)<<：左移。

(6)>>：右移。

2.3.3.2　位运算规则

(1)按位与运算。按位与运算符"&"是双目运算符，其功能是参与运算的两数各对应的位相与。只有对应的两个位均为1时，结果位才为1，否则为0。参与运算的数以补码方式出现。例如9&5可写算式如下：

```
    00001001        (9的二进制补码)
&   00000101        (5的二进制补码)
    00000001        (1的二进制补码)
```

可见，9&5=1。

(2)按位或运算。按位或运算符"|"是双目运算符，其功能是参与运算的两数各对应的位相或。只要对应的两个位有一个为1时，结果位就为1；对应的两位全部为0时，结果位才为0。参与运算的两个数均以补码出现。例如9|5可写算式如下：

```
    00001001
|   00000101
    00001101        (十进制为13)
```

可见，9|5=13。

(3)按位异或运算。按位异或运算符"^"是双目运算符，其功能是参与运算的两数各对应的位相异或。当两对应的位相异时，结果为1；而当两个对应位相同时，结果为0。参与运算数仍以补码出现。例如9^5可写成算式如下：

```
    00001001
^   00000101
    00001100        (十进制为12)
```

可见，9^5=12。

(4)按位取反运算。按位取反运算符"~"为单目运算符,具有右结合性,其功能是对参与运算的数按位求反。例如~9 的运算为:

~(0000000000001001)

结果为:

1111111111110110

(5)左移运算。左移运算符"<<"是双目运算符,其功能是把"<<"左边运算数的各位全部左移若干位,由"<<"右边的数指定移动的位数,高位丢弃,低位补 0。

例如 a<<4 是把 a 的各位向左移动 4 位。如 a=00000011(十进制 3),左移 4 位后为 00110000(十进制 48)。

(6)右移运算。右移运算符">>"是双目运算符,其功能是把">>"左边运算数的各位全部右移若干位,">>"右边的数指定移动的位数。

例如 a>>2 是把 a 的各位向右移动 2 位。设 a=15,表示把 00001111 右移为 00000011(右移之后的结果为 3)。

应该说明的是,对于有符号数,在右移时,符号位将随同移动。当为正数时,最高位补 0;当为负数时,符号位为 1,最高位是补 0 或是补 1 取决于编译系统的规定,不同软件有不同的规定。

总结点拨

本项目介绍了 C 语言的数据类型、常量、变量、运算符、表达式等基本概念,然后重点剖析了算术运算、关系运算、逻辑运算、赋值运算、位操作等常用运算符的运算规则及应用,对不同运算符的优先级、结合性等属性也作了简单探讨。

C 语言的数据类型非常丰富,常量、变量表示的信息均按类型存储,以保证内存空间的合理分配。能够使用整型变量存储的信息,就绝对不要定义为浮点型变量。程序编写过程中,一定要养成节约空间、绿色发展的思维习惯。正如党的二十大报告中所倡导的:推动经济社会发展绿色化、低碳化是实现高质量发展的关键环节……倡导绿色消费,推动形成绿色低碳的生产方式和生活方式。

课后提升

一、单项选择题

1. 若有如下说明和语句:

```
int a=5;
a++;
```

此处表达式 a++的值是(　　)。

A. 7　　B. 6　　C. 5　　D. 4

2. 在 C 语言中,以下要求运算数必须是整型的运算符是(　　)。

A. %　　B. /　　C. <　　D. !

3. 以下有4个用户标识符,其中合法的一个是(　　)。

A. float　　B. 4d　　C. f2_G3　　D. short

4. 在C语言中,以下属于合法的字符常量是(　　)。

A. '\084'　　B. '\x43'　　C. 'ab'　　D. " \0"

5. 若已定义x和y为double类型,且x=1,则表达式y=x+3/2的值是(　　)。

A. 1　　B. 2　　C. 2.0　　D. 2.5

6. 若有以下定义:

```
char a; int b; float c; double d;
```

则表达式a * b+d-c值的类型为(　　)。

A. float　　B. int　　C. char　　D. double

7. 以下程序的输出结果是(　　)。

```
#include "stdio.h"
main()
{ int a=12,b=12;
printf("%d,%d\n",--a,++b);}
```

A. 10,10　　B. 12,12　　C. 11,10　　D. 11,13

8. 设有 int x=11,则表达式 (x++ * 1/3) 的值是(　　)。

A. 3　　B. 4　　C. 11　　D. 12

9. 以下选项中不属于C语言类型的是(　　)。

A. signed short int　　B. unsigned long int

C. unsigned int　　D. long short

10. 以下选项中合法的用户标识符是(　　)。

A. long　　B. _2Test　　C. 3Dmax　　D. A. dat

11. 已知大写字母A的ASCII码值是65,小写字母a的ASCII码值是97,则用八进制表示的字符常量'\101'是(　　)。

A. 字符A　　B. 字符a　　C. 字符e　　D. 非法的常量

12. 以下选项中可作为C语言合法整数的是(　　)。

A. 10110B　　B. 0386　　C. 0xffa　　D. x2a2

13. 已定义ch为字符型变量,以下赋值语句中错误的是(　　)。

A. ch='\';　　B. ch=62+3;　　C. ch=80;　　D. ch='\xaa';

14. 以下符合C语言语法的实型常量是(　　)。

A. 1.2E0.5　　B. 3.14159E　　C. 5E-3　　D. E15

15. 有以下程序:

```
#include "stdio.h"
main()
{ int m=3,n=4,x;
x=-m++;
x=x+8/++n;
```

```
    printf("%d\n",x);}
```

程序运行后的输出结果是(　　)。

A. 3　　B. 5　　C. -1　　D. -2

16. 有以下程序：

```
    #include "stdio.h"
    main()
    { char a='a',b;
    printf("%c,",++a);
    printf("%c\n",b=a++);}
```

程序运行后的输出结果是(　　)。

A. b,b　　B. b,c　　C. a,b　　D. a,c

17. 以下叙述中错误的是(　　)。

A. 用户所定义的标识符允许使用关键字

B. 用户所定义的标识符应尽量做到"见名知意"

C. 用户所定义的标识符必须以字母或下划线开头

D. 用户所定义的标识符中,大、小写字母代表不同标识

18. 以下能正确定义且赋初值的语句是(　　)。

A. int n1=n2=10;　　B. char c=32;

C. float f=f+1.1;　　D. double x=12.3E2.5;

19. 表达式 3.6-5/2+1.2+5%2 的值是(　　)。

A. 4.3　　B. 4.8　　C. 3.3　　D. 3.8

20. 以下正确的字符串常量是(　　)。

A. "\\\"　　B. 'abc'　　C. OlympicGames　　D. ""

二、程序改错题

请纠正以下程序中的错误,以实现其相应的功能。

1. 输入一个摄氏温度的值,根据公式 C=5/9 * (F-32),将其转换为华氏温度并输出。

```
    #include "stdio.h"
    int main()
    {
        float F,C;    //F 为摄氏温度,C 为华氏温度
        printf("请输入摄氏温度的值:\n");
        scanf("%f",&F);
        C=5/9*(F-32);
        printf("摄氏温度%f 对应华氏温度为%f\n",F,C);
    }
```

提示:输入上面的程序段,无论输入的摄氏温度为何值,输出均为零,考虑一下程序的错误在哪里。

2. 输出两个字符'a'、'b'以及它们的 ASCII 码值。

```
#include "stdio. h"
int main( )
{
    char c1,c2;
    c1="a";
    c2="b";
    printf("%c,%c\n",c1,c2);
    printf("%d,%d\n",c1,c2);
}
```

三、程序填空题

请根据程序功能要求补充完善程序，以实现其相应的功能。

1. 已知半径，求圆的周长和面积，要求圆周率用标识符 PI 表示，其值取 3.14。

```
#include "stdio. h"
____________
int main( )
{
    float R=1.5,L,S;
    L=______
    S=______
    printf("周长 L=%f\n",L);
    printf("面积 S=%f\n",S);
}
```

2. 输出十进制整数 5678 的高低位字节的十六进制数。

```
#include "stdio. h"
int main( )
{
    int x=5678;
    int Hb,Lb;
    Hb=(x>>8)&0x00ff;
    Lb=__________
    printf("______\n",Hb);
    printf("______\n",Lb);
}
```

四、程序编写题

请根据功能要求编写程序，并完成运行调试。

1. 从键盘上输入 5 个数，求它们的总和与平均值。

2. 从键盘上输入上底、下底和高，计算梯形的面积。

项目3 C语言的库函数应用

任务3.1 格式化输入输出函数应用

【任务目标】

从键盘输入两个整数,然后交换次序,并重新输出。程序运行后,根据提示,从键盘上任意输入两个整数,观察程序的运行过程。运行结果如图3-1所示。

```
请输入第一个数: 45
请输入第二个数: 78
输出互换前的数
第一个数是: 45
第二个数是: 78
输出互换后的数
第一个数是: 78
第二个数是: 45
Press any key to continue
```

图3-1 任务3.1运行结果

【程序代码】

```
01  #include "stdio.h"
02  int main()
03  {
04      int a,b,temp;
05      printf("请输入第一个数:");
06      scanf("  %d",&a);
07      printf("请输入第二个数:");
08      scanf("  %d",&b);
09      printf("输出互换前的数\n");
10      printf("第一个数是: %d\n",a);
11      printf("第二个数是: %d\n",b);
12      temp=a;
13      a=b;
14      b=temp;
15      printf("输出互换后的数\n");
16      printf("第一个数是: %d\n",a);
17      printf("第二个数是: %d\n",b);
```

```
18    }
```

【简要说明】

第05行、第07行:输入函数的提示。

第06行、第08行:从键盘输入两个整数,分别赋值给a、b两个变量。

第10行、第11行:输出原始的两个变量值。

第12行~第14行:交换两个变量的值,这是一种最简单的办法,应用非常普遍,建议大家掌握。

第16行、第17行:输出交换数值之后的两个变量。

【相关知识】

3.1.1 标准输入输出函数库简介

考虑到计算机外部设备多,而且功能更新很快,C语言不是通过输入输出语句操作外部设备,而是提供了若干输入输出函数,用户只需调用相应的函数即可实现输入输出功能。前面大量使用的printf函数和scanf函数就是最常用的标准输入输出函数,其功能分别为屏幕输出和键盘输入。这种处理方式使C语言编译系统简单方便、通用性强、可移植性好。

C语言提供的大量函数以库的形式存放在C编译系统中,称作C语言的标准函数库,标准函数库根据功能又分为输入输出函数库、数学计算函数库、字符处理函数库等,任务3.2列出了常用的标准函数库。

用户程序在使用这些库函数时,必须使用预编译命令#include将相应的"头文件"包括到源文件中。比如printf函数和scanf函数均为标准输入输出库函数,其函数说明均在头文件"stdio. h"中,因而在使用这两个库函数前,源文件开头应该写上预编译命令#include <stdio. h>或者#include "stdio. h"。

3.1.2 格式化输出函数printf

printf称为格式化输出函数,其中的f即为format(格式)。其功能是按用户指定的格式,把指定的数据显示到屏幕上。

printf是一个标准库函数,它的函数原型在头文件"stdio. h"中,在源程序中使用之前必须包含stdio. h文件。

3.1.2.1 printf函数调用的一般形式

printf函数调用的一般形式为:

printf("格式控制字符串",输出表列);

其中,格式控制字符串用于指定输出格式。格式控制字符串可由格式字符串和非格式字符串两部分组成。非格式字符串在输出时原样输出,一般用来起到提示作用。格式字符串是以%开头的字符串,在%后面跟有各种格式字符,以说明输出数据的类型、形式、长度、小数位数等。例如:

"%d" 表示按十进制整型输出

"%ld" 表示按十进制长整型输出

"%c" 表示按字符型输出

输出表列用于指定各个输出项,需要注意的是,格式字符串和各输出项在数量和类型上必须一一对应。

下面来看一个简单的例子。

```
#include "stdio.h"
int main( )
{
    int a=65,b=97;
    printf("%d %d\n",a,b);
    printf("%d,%d\n",a,b);
    printf("%c,%c\n",a,b);
    printf("a=%d,b=%d",a,b);
}
```

上例中四次输出了a、b的值,但由于格式控制串不同,输出的结果也不相同。第一个printf函数的输出语句格式控制串中,两格式串%d之间加了一个空格(非格式字符),所以输出的a、b值之间有一个空格。第二个printf函数的格式控制串中加入的是非格式字符"逗号",因此输出的a、b值之间加了一个逗号。第三个printf函数的格式串要求按字符型输出a、b值。第四个printf函数中为了提示输出结果又增加了非格式字符串,其输出结果为"a=65,b=97",看起来最为清楚。

3.1.2.2 printf函数的格式字符串

格式字符串以%开头,一般形式为:

% (标志) (输出最小宽度) (.精度) (长度) 类型

%后的格式字符串最多可以包含五项内容,其中只有类型格式符为必选项,其他括号内的格式符均为可选项。

(1)类型。类型字符用以表示输出数据的类型,其格式符和意义如表3-1所示。

表3-1 printf函数的类型格式符

格式符	意义
d	以十进制形式输出带符号整数(正数不输出符号)
o	以八进制形式输出无符号整数(不输出前缀0)
x,X	以十六进制形式输出无符号整数(不输出前缀0x、0X)
u	以十进制形式输出无符号整数
f	以小数形式输出实数
e,E	以指数形式输出实数
g,G	以%f或%e中较短的输出宽度输出实数
c	输出单个字符
s	输出字符串

(2)标志。标志字符为可选项,共有四种情况,其意义如表3-2所示。

表3-2 printf函数的标志格式符

格式符	意义
-	结果左对齐,右边填空格
+	输出符号(正号或负号)
空格	输出值为正时冠以空格,为负时冠以负号
#	对c,s,d,u类型无影响;对o类型在输出时加前缀o;对x类型在输出时加前缀0x;对e,g,f类型当结果有小数时才给出小数点

(3)输出最小宽度。用十进制整数来表示输出的最少位数。若实际位数多于定义的宽度,则按实际位数输出,若实际位数少于定义的宽度则补以空格或0。

(4)精度。精度格式符以"."开头,后跟十进制整数。如果输出的是数字,表示小数的位数;如果输出的是字符,则表示输出字符的个数;若实际位数大于所定义的精度数,则截去超过的部分。

(5)长度。长度格式符为h,l两种,h表示按短整型量输出,l表示按长整型量输出。

下面来看一个printf函数应用的程序。

```
#include "stdio.h"
int main( )
{
    int a=15;
    float b=123.1234567;
    double c=12345678.1234567;
    char d='p';
    printf("a=%d,%5d,%o,%x\n",a,a,a,a);
    printf("b=%f,%lf,%5.4lf,%e\n",b,b,b,b);
    printf("c=%lf,%f,%8.4lf\n",c,c,c);
    printf("d=%c,%8c\n",d,d);
}
```

本例中,第一个printf函数以四种格式输出整型变量a的值,其中"%5d"要求输出宽度为5,而a值为15,只有两位,因此补三个空格。第二个printf函数以四种格式输出实型量b的值,其中"%f"和"%lf"格式的输出相同,说明"l"符对"f"类型无影响;"%5.4lf"指定输出宽度为5,精度为4,由于实际长度超过5,因此应该按实际位数输出,小数位数超过4位部分被截去。第三个printf函数输出双精度实数,由于"%8.4lf"指定精度为4位,因此截去了超过4位的部分。第四个printf函数输出字符量d,其中"%8c"指定输出宽度为8,因此在输出字符p之前补加7个空格。

3.1.3 格式化输入函数scanf

scanf称为格式化输入函数,其功能是按用户指定的格式从键盘上把数据输入到指定

的变量之中。scanf也是一个标准库函数,它的函数原型在头文件"stdio. h"中。

3.1.3.1 scanf 函数调用的一般形式

scanf函数调用的一般形式为:

scanf("格式控制字符串", 地址表列);

其中,格式控制字符串的作用与printf函数相同,但不能显示非格式字符串,也就是不能显示提示字符串。地址表列中给出各变量的地址,地址是由地址运算符"&"后跟变量名组成的。比如,&a和&b分别表示变量a和变量b的地址。

下面来看一个简单的scanf函数应用程序。

```
#include "stdio. h"
int main( )
{
    int a,b,c;
    printf("input a,b,c\n");
    scanf("%d%d%d",&a,&b,&c);
    printf("a=%d,b=%d,c=%d",a,b,c);
}
```

在本例中,由于scanf函数本身不能显示提示串,因此先用printf语句在屏幕上输出提示,请用户输入a、b、c的值。在scanf语句的格式串中由于没有非格式字符在"%d%d%d"之间作输入时的间隔,因此在输入时,要用一个以上的空格(也可以使用回车键和tab键)作为相邻两个输入数据之间的间隔。

3.1.3.2 scanf 函数的格式字符串

scanf函数格式字符串的一般形式为:

%(*)(输入数据宽度)(长度)类型

同样,只有类型格式符为必选项,其他为任选项。

(1)类型。表示输入数据的类型,其格式符和意义如表3-3所示。

表3-3 scanf函数的类型格式符

格式符	意义
d	输入十进制整数
o	输入八进制整数
x	输入十六进制整数
u	输入无符号十进制整数
f	输入小数形式的实型数
e	输入指数形式的实型数
c	输入单个字符
s	输入字符串

(2) * 符号。用以表示该输入项读入后不赋予相应的变量,即跳过该输入值。比如:

```
scanf("%d %*d %d",&a,&b);
```

当输入为:1　2　3 时,把 1 赋予 a,2 被跳过,3 赋予 b。

(3) 宽度。用十进制整数指定输入的宽度(字符数)。比如:

```
scanf("%5d",&a);
```

当输入 12345678 时,只把 12345 赋予变量 a,其余部分被截去。

再如:

```
scanf("%4d%4d",&a,&b);
```

当输入 12345678 时,将把 1234 赋予 a,而把 5678 赋予 b。

(4) 长度。长度格式符为 l 和 h,l 表示输入长整型数据,h 表示输入短整型数据。

另外,还需要注意的是,如果格式控制串中有非格式字符,则输入时也要输入该非格式字符。比如:

```
scanf("%d,%d,%d",&a,&b,&c);
```

其中,三个整型数据格式用非格式符","作间隔符,则输入时应为:5,6,7。

再如:

```
scanf("a=%d,b=%d,c=%d",&a,&b,&c);
```

则输入时应为:a=5,b=6,c=7。

任务 3.2　标准库函数应用

【任务目标】

了解数学函数库中 sqrt 函数的应用。要求从键盘输入三角形的三个边长,根据海伦公式计算其面积。运行结果如图 3-2 所示。

```
请输入三角形的三个边长:
7 8 9
a=   7.00,   b=   8.00,   c=   9.00,   s=  12.00
area=  26.83
Press any key to continue
```

图 3-2　任务 3.2 运行结果

【程序代码】

```
01  #include "stdio.h"
02  #include "math.h"
03  int main()
04  {
05      float a,b,c,s,area;
06      printf("请输入三角形的三个边长:\n");
07      scanf("%f%f%f",&a,&b,&c);
```

```
08        s=1.0/2*(a+b+c);
09        area=sqrt(s*(s-a)*(s-b)*(s-c));
10        printf("a=%7.2f,   b=%7.2f,   c=%7.2f,   s=%7.2f\n",a,b,c,s);
11        printf("area=%7.2f\n",area);
12 }
```

【简要说明】

第 02 行:因为后面的程序中需要用到开方计算,因此需包含 math.h。

第 08 行:此处的 1.0 绝对不能写成 1,因为按照 C 语言的计算规则,整数除以整数结果仍为整数,故而 1/2=0,而不是想象的 0.5。

第 09 行:根据海伦公式计算三角形的面积。

【相关知识】

3.2.1　其他输入输出库函数

标准输入输出函数库中有多达 30 多个库函数,其中最为常用的当然是 printf 和 scanf 两个函数,下面简要介绍两个字符输入输出函数。同样,由于这两个函数声明均在 stdio.h 头文件中,使用之前也必须包含这个头文件。

3.2.1.1　putchar 函数

putchar 函数是字符输出函数,其功能是在显示器上输出单个字符。其一般形式为:

```
putchar(字符变量);
```

例如:

```
putchar('A');        //输出大写字母 A
putchar(x);          //输出字符变量 x 的值
putchar('\101');     //输出字符 A
putchar('\n');       //换行
```

对于控制字符,则执行控制功能,不在屏幕上显示。

3.2.1.2　getchar 函数

getchar 函数的功能是从键盘上输入一个字符。其一般形式为:

```
getchar();
```

通常把输入的字符赋予一个字符变量,构成赋值语句,例如:

```
char c;
c=getchar();
```

需要说明的是,getchar 函数只能接收单个字符,输入数字也按字符处理,输入多于一个字符时,只接收第一个字符。

3.2.2　其他标准函数库

除标准输入输出函数库外,C 语言还提供了大量标准函数库,用以实现不同的功能。

3.2.2.1 数学函数

使用数学函数时，应该在源文件中使用预编译命令：#include <math. h>或#include "math. h"。数学函数库见表3-4。

表3-4 数学函数库

函数名	函数原型	功能	返回值
acos	double acos(double x)；	计算 arccos x 的值，其中 $-1 \leq x \leq 1$	计算结果
asin	double asin(double x)；	计算 arcsin x 的值，其中 $-1 \leq x \leq 1$	计算结果
atan	double atan(double x)；	计算 arctan x 的值	计算结果
atan2	double atan2 (double x, double y)；	计算 arctan x/y 的值	计算结果
cos	double cos(double x)；	计算 cos x 的值，其中 x 的单位为弧度	计算结果
cosh	double cosh(double x)；	计算 x 的双曲余弦 cosh x 的值	计算结果
exp	double exp(double x)；	求 e^x 的值	计算结果
fabs	double fabs(double x)；	求 x 的绝对值	计算结果
floor	double floor(double x)；	求出不大于 x 的最大整数	该整数的双精度实数
fmod	double fmod (double x, double y)；	求整除 x/y 的余数	返回余数的双精度实数
frexp	double frexp (double val, int * eptr)；	把双精度数 val 分解成数字部分(尾数)和以 2 为底的指数，即 $val = x * 2^n$，n 存放在 eptr 指向的变量中	数字部分 x
log	double log(double x)；	求 lnx 的值	计算结果
log10	double log10(double x)；	求 $\log_{10}x$ 的值	计算结果
modf	double modf (double val, int * iptr)；	把双精度数 val 分解成整数部分和小数部分，把整数部分存放在 iptr 指向的变量中	val 的小数部分
pow	double pow(double x, double y)；	求 x^y 的值	计算结果
sin	double sin(double x)；	求 sin x 的值，其中 x 的单位为弧度	计算结果
sinh	double sinh(double x)；	计算 x 的双曲正弦函数 sinh x 的值	计算结果
sqrt	double sqrt (double x)；	计算 $\sqrt{x}$，其中 $x \geq 0$	计算结果
tan	double tan(double x)；	计算 tan x 的值，其中 x 的单位为弧度	计算结果
tanh	double tanh(double x)；	计算 x 的双曲正切函数 tanh x 的值	计算结果

3.2.2.2 字符函数

在使用字符函数时,应该在源文件中使用预编译命令:#include <ctype.h>或#include "ctype.h"。字符函数库见表3-5。

表3-5 字符函数库

函数名	函数原型	功能	返回值
isalnum	int isalnum(int ch);	检查ch是否字母或数字	是字母或数字返回1,否则返回0
isalpha	int isalpha(int ch);	检查ch是否字母	是字母返回1,否则返回0
iscntrl	int iscntrl(int ch);	检查ch是否控制字符(其ASCII码在0和0xlF之间)	是控制字符返回1,否则返回0
isdigit	int isdigit(int ch);	检查ch是否数字	是数字返回1,否则返回0
isgraph	int isgraph(int ch);	检查ch是否可打印字符(其ASCII码在0x21和0x7e之间),不包括空格	是可打印字符返回1,否则返回0
islower	int islower(int ch);	检查ch是否小写字母(a~z)	是小写字母返回1,否则返回0
isprint	int isprint(int ch);	检查ch是否可打印字符(其ASCII码在0x20和0x7e之间),包括空格	是可打印字符返回1,否则返回0
ispunct	int ispunct(int ch);	检查ch是否标点字符(不包括空格),即除字母、数字和空格外的所有可打印字符	是标点返回1,否则返回0
isspace	int isspace(int ch);	检查ch是否空格、跳格符(制表符)或换行符	是,返回1,否则返回0
isupper	int isupper(int ch);	检查ch是否大写字母(A~Z)	是大写字母返回1,否则返回0
isxdigit	int isxdigit(int ch);	检查ch是否一个十六进制数字(0~9,或A~F,a~f)	是,返回1,否则返回0
tolower	int tolower(int ch);	将ch字符转换为小写字母	返回ch对应的小写字母
toupper	int toupper(int ch);	将ch字符转换为大写字母	返回ch对应的大写字母

3.2.2.3 字符串函数

使用字符串函数时,应该在源文件中使用预编译命令:#include <string.h>或#include

"string. h"。字符串函数库见表 3-6。

表 3-6 字符串函数库

函数名	函数原型	功能	返回值
memchr	void memchr(void * buf, char ch, unsigned count);	在 buf 的前 count 个字符里搜索字符 ch 首次出现的位置	返回指向 buf 中 ch 第一次出现的位置指针。若没有找到 ch,返回 NULL
memcmp	int memcmp(void * buf1, void * buf2, unsigned count);	按字典顺序比较由 buf1 和 buf2 指向的数组的前 count 个字符	buf1<buf2,为负数 buf1=buf2,返回 0 buf1>buf2,为正数
memcpy	void * memcpy(void * to, void * from, unsigned count);	将 from 指向的数组中的前 count 个字符拷贝到 to 指向的数组中(from 和 to 指向的数组不允许重叠)	返回指向 to 的指针
memmove	void * memmove(void * to, void * from, unsigned count);	将 from 指向的数组中的前 count 个字符拷贝到 to 指向的数组中	返回指向 to 的指针
memset	void * memset (void * buf, char ch, unsigned count);	将字符 ch 拷贝到 buf 指向的数组前 count 个字符中	返回 buf
strcat	char * strcat(char * str1, char * str2);	把字符 str2 接到 str1 后面,取消原来 str1 最后面的串结束符"\0"	返回 str1
strchr	char * strchr(char * str, int ch);	找出 str 指向的字符串中第一次出现字符 ch 的位置	返回指向该位置的指针,如找不到,则应返回 NULL
strcmp	int strcmp (char * str1, char * str2);	比较字符串 str1 和 str2	若 str1<str2,为负数 若 str1=str2,返回 0 若 str1>str2,为正数
strcpy	char * strcpy(char * str1, char * str2);	把 str2 指向的字符串拷贝到 str1 中去	返回 str1
strlen	unsigned int strlen(char * str);	统计字符串 str 中字符的个数(不包括终止符"\0")	返回字符个数
strncat	char * strncat (char * str1, char * str2, unsigned count);	把字符串 str2 指向的字符串中最多 count 个字符连到串 str1 后面,并以 NULL 结尾	返回 str1
strncmp	int strncmp (char * str1, char * str2, unsigned count);	比较字符串 str1 和 str2 中至多前 count 个字符	若 str1<str2,为负数 若 str1=str2,返回 0 若 str1>str2,为正数
strncpy	char * strncpy (char * str1,char * str2, unsigned count);	把 str2 指向的字符串中最多前 count 个字符拷贝到字符串 str1 中去	返回 str1

续表 3-6

函数名	函数原型	功能	返回值
strnset	void * strnset(char * buf, char ch, unsigned count);	将字符 ch 拷贝到 buf 指向的数组前 count 个字符中	返回 buf
strset	void * strset(void * buf, char ch);	将 buf 所指向的字符串中的全部字符都变为字符 ch	返回 buf
strstr	char * strstr(char * str1, char * str2);	寻找 str2 指向的字符串在 str1 指向的字符串中首次出现的位置	返回 str2 指向的字符串首次出现的地址。否则返回 NULL

3.2.2.4 输入输出函数

在使用输入输出函数时,应该在源文件中使用预编译命令:#include <stdio. h>或#include "stdio. h"。输入输出函数库见表 3-7。

表 3-7 输入输出函数库

函数名	函数原型	功能	返回值
clearerr	void clearerr(FILE * fp);	清除文件指针错误指示器	无
close	int close(int fp);	关闭文件(非 ANSI 标准)	关闭成功返回 0,不成功返回-1
creat	int creat(char * filename, int mode);	以 mode 所指定的方式建立文件(非 ANSI 标准)	成功返回正数,否则返回-1
eof	int eof(int fp);	判断 fp 所指的文件是否结束	文件结束返回 1,否则返回 0
fclose	int fclose(FILE * fp);	关闭 fp 所指的文件,释放文件缓冲区	关闭成功返回 0,不成功返回非 0
feof	int feof(FILE * fp);	检查文件是否结束	文件结束返回非 0,否则返回 0
ferror	int ferror(FILE * fp);	测试 fp 所指的文件是否有错误	无错返回 0,否则返回非 0
fflush	int fflush(FILE * fp);	将 fp 所指的文件的全部控制信息和数据存盘	存盘正确返回 0,否则返回非 0
fgets	char * fgets(char * buf, int n, FILE * fp);	从 fp 所指的文件读取一个长度为 n-1 的字符串,存入起始地址为 buf 的空间	返回地址 buf。若遇文件结束或出错则返回 EOF
fgetc	int fgetc(FILE * fp);	从 fp 所指的文件中取得下一个字符	返回所得到的字符。出错返回 EOF

续表 3-7

函数名	函数原型	功能	返回值
fopen	FILE * fopen (char * filename, char * mode);	以 mode 指定的方式打开名为 filename 的文件	成功,则返回一个文件指针,否则返回 0
fprintf	int fprintf(FILE * fp, char * format,args,…);	把 args 的值以 format 指定的格式输出到 fp 所指的文件中	实际输出的字符数
fputc	int fputc(char ch, FILE * fp);	将字符 ch 输出到 fp 所指的文件中	成功则返回该字符,出错返回 EOF
fputs	int fputs(char str, FILE * fp);	将 str 指定的字符串输出到 fp 所指的文件中	成功则返回 0,出错返回 EOF
fread	int fread (char * pt, unsigned size, unsigned n, FILE *fp);	从 fp 所指定文件中读取长度为 size 的 n 个数据项,存到 pt 所指向的内存区	返回所读的数据项个数,若文件结束或出错返回 0
fscanf	int fscanf(FILE * fp, char * format,args,…);	从 fp 指定的文件中按给定的 format 格式将读入的数据送到 args 所指向的内存变量中(args 是指针)	已输入的数据个数
fseek	int fseek(FILE * fp, long offset, int base);	将 fp 指定的文件的位置指针移到 base 所指出的位置为基准、以 offset 为位移量的位置	返回当前位置,否则返回 -1
ftell	long ftell(FILE * fp);	返回 fp 所指定的文件中的读写位置	返回文件中的读写位置,否则返回 0
fwrite	int fwrite (char * ptr, unsigned size,unsigned n, FILE * fp);	把 ptr 所指向的 n * size 个字节输出到 fp 所指向的文件中	写到 fp 文件中的数据项的个数
getc	int getc(FILE * fp);	从 fp 所指向的文件中读出下一个字符	返回读出的字符,若文件出错或结束返回 EOF
getchar	int getchar();	从标准输入设备中读取下一个字符	返回字符,若文件出错或结束返回-1
gets	char * gets(char * str);	从标准输入设备中读取字符串存入 str 指向的数组	成功返回 str,否则返回 NULL
open	int open(char * filename, int mode);	以 mode 指定的方式打开已存在的名为 filename 的文件(非 ANSI 标准)	返回文件号(正数),如打开失败返回-1

续表 3-7

函数名	函数原型	功能	返回值
printf	int printf(char * format, args,…);	在format指定的字符串的控制下,将输出列表args的值输出到标准设备	输出字符的个数,若出错返回负数
prtc	int prtc(int ch, FILE * fp);	把一个字符ch输出到fp所指的文件中	输出字符ch,若出错返回EOF
putchar	int putchar(char ch);	把字符ch输出到标准输出设备	返回输出的字符,若失败返回EOF
puts	int puts(char * str);	把str指向的字符串输出到标准输出设备,将"\0"转换为回车行	返回字符串的长度,若失败返回EOF
putw	int putw(int w, FILE * fp);	将一个整数w(一个字)写到fp所指的文件中(非ANSI标准)	返回输出的整数,若文件出错或结束返回EOF
read	int read(int fd, char * buf, unsigned count);	从文件号fd所指定文件中读count个字节到由buf指示的缓冲区(非ANSI标准)	返回真正读出的字节个数,如文件结束返回0,出错返回-1
remove	int remove(char * fname);	删除以fname为文件名的文件	成功返回0,出错返回-1
rename	int rename(char * oname, char * nname);	把oname所指的文件名改为由nname所指的文件名	成功返回0,出错返回-1
rewind	void rewind(FILE * fp);	将fp指定的文件指针置于文件头,并清除文件结束标志和错误标志	无
scanf	int scanf(char * format, args,…);	从标准输入设备按format指示的格式字符串规定的格式,输入数据给args所指示的单元(args为指针)	读入并赋给args数据个数。如文件结束返回EOF,若出错返回0
write	int write(int fd, char * buf, unsigned count);	从buf指示的缓冲区输出count个字符到fd所指的文件中(非ANSI标准)	返回实际写入的字节数,如出错返回-1

3.2.2.5　动态存储分配函数

在使用动态存储分配函数时,应该在源文件中使用预编译命令:#include <stdlib. h>或#include "stdlib. h"。动态存储分配函数库见表3-8。

表 3-8　动态存储分配函数库

函数名	函数原型	功能	返回值
calloc	void * calloc(unsigned n, unsigned size);	分配 n 个数据项的内存连续空间,每个数据项的大小为 size	分配内存单元的起始地址。如不成功,返回 0
free	void free(void * p);	释放 p 所指内存区	无
malloc	void * malloc(unsigned size);	分配 size 字节的内存区	所分配的内存区地址,如内存不够,返回 0
realloc	void * realloc(void * p, unsigned size);	将 p 所指的已分配的内存区的大小改为 size。size 可以比原来分配的空间大或小	返回指向该内存区的指针。若重新分配失败,返回 NULL

3.2.2.6　其他函数

有些函数由于不便归入某一类,所以单独列出。使用时,应该在源文件中使用预编译命令:#include <stdlib. h>或#include "stdlib. h"。其他函数库见表 3-9。

表 3-9　其他函数库

函数名	函数原型	功能	返回值
abs	int abs(int num);	计算整数 num 的绝对值	返回计算结果
atof	double atof(char * str);	将 str 指向的字符串转换为一个 double 型的值	返回双精度计算结果
atoi	int atoi(char * str);	将 str 指向的字符串转换为一个 int 型的值	返回转换结果
atol	long atol(char * str);	将 str 指向的字符串转换为一个 long 型的值	返回转换结果
exit	void exit(int status);	中止程序运行。将 status 的值返回调用的过程	无
itoa	char * itoa(int n, char * str, int radix);	将整数 n 的值按照 radix 进制转换为等价的字符串,并将结果存入 str 指向的字符串中	返回一个指向 str 的指针
labs	long labs(long num);	计算 long 型整数 num 的绝对值	返回计算结果
ltoa	char * ltoa(long n, char * str, int radix);	将长整数 n 的值按照 radix 进制转换为等价的字符串,并将结果存入 str 指向的字符串	返回一个指向 str 的指针
rand	int rand();	产生 0 到 RAND_MAX 之间的伪随机数。RAND_MAX 在头文件中定义	返回一个伪随机(整)数
random	int random(int num);	产生 0 到 num 之间的随机数	返回一个随机(整)数
randomize	void randomize();	初始化随机函数,使用时包括头文件 time. h	

C 语言的库函数非常丰富,除以上所列外,还有标准定义函数库 stddef. h、时间处理函数库 time. h、错误信息处理函数库 errno. h 等,这些函数库中包括了大量实用库函数,具体函数的定义、功能及使用方法,大家可参考相关资料或到网络搜索。

总结点拨

本项目主要介绍了 printf、scanf 两个标准库函数,详细讨论了两个函数的格式控制方法、使用注意事项,对于其他常用函数库也进行了简要介绍。

对于库函数的使用,必须坚持问题导向。首先明确想要解决的问题,思考可能的解决方法,然后翻阅相关资料或到网络搜索,查找有无相应的库函数可以调用。善于吸收、借鉴前人的成果,也是编程人员的基本素质。党的二十大报告中指出:必须坚持问题导向。问题是时代的声音,回答并指导解决问题是理论的根本任务……我们要增强问题意识,聚焦实践遇到的新问题……不断提出真正解决问题的新理念新思路新办法。

课后提升

一、单项选择题

1. 以下叙述中正确的是(　　)。

A. 用 C 程序实现的算法必须要有输入和输出操作

B. 用 C 程序实现的算法可以没有输出但必须要有输入

C. 用 C 程序实现的算法可以没有输入但必须要有输出

D. 用 C 程序实现的算法可以既没有输入也没有输出

2. 以下叙述中错误的是(　　)。

A. C 语句必须以分号结束

B. 复合语句在语法上被看作一条语句

C. 空语句出现在任何位置都不会影响程序运行

D. 赋值表达式末尾加分号就构成赋值语句

3. 以下程序的输出结果是 (　　)。

```
#include "stdio. h"
main( )
{ int i=010,j=10,k=0x10;
printf("%d,%d,%d\n",i,j,k); }
```

A. 8,10,16　　B. 8,10,10　　C. 10,10,10　　D. 10,10,16

4. 已知字母 A 的 ASCII 码为十进制的 65,下面程序的输出是(　　)。

```
#include "stdio. h"
main()
{ char ch1,ch2;
ch1='A'+'5'-'3';
```

ch2='A'+'6'-'3';

printf("%d,%c\n",ch1,ch2);}

A. 67,D　　B. B,C　　C. C,D　　D. 不确定的值

5. 若变量均已正确定义并赋值,以下合法的C语言赋值语句是(　　)。

A. x=y==5;

B. x=n%2.5;

C. x+n=1;

D. x=5=4+1;

6. 若有以下定义和语句:

char c1='b',c2='e';

printf("%d,%c\n",c2-c1,c2-'a'+'A');

则输出结果是(　)。

A. 2,M　　B. 3,E　　C. 2,E

D. 输出项与对应的格式控制不一致,输出结果不确定

7. 以下叙述中正确的是(　　)。

A. 输入项可以是一个实型常量,如scanf("%f",3.5);

B. 只有格式控制,没有输入项,也能正确输入数据到内存,如scanf("a=%d,b=%d");

C. 输入一个实型数据时,格式控制部分可以规定小数点后的位数,如scanf("%4.2f",&f);

D. 当输入数据时,必须指明变量地址,如scanf("%f",&f);

8. 以下程序的输出结果是(　)。

```
#include "stdio.h"
main( )
{ int k=17;
printf("%d,%o,%x \n",k,k,k);}
```

A. 17,021,0x11　　B. 17,17,17

C. 17,0x11,021　　D. 17,21,11

9. 下列程序的输出结果是(　　)。

```
#include "stdio.h"
main()
{ double d=3.2; int x,y;
x=1.2; y=(x+3.8)/5.0;
printf("%d \n", d*y);}
```

A. 3　　B. 3.2　　C. 0　　D. 3.07

10. 下列程序的运行结果是(　　)。

```
#include  <stdio.h>
main()
```

```
{ int a=2,c=5;
printf("a=%d,b=%d\n",a,c); }
```

A. a=%2,b=%5　　B. a=2,b=5　　C. a=d, b=d　　D. a=%d,b=%d

11. x、y、z被定义为int型变量,正确的输入语句是(　　)。

A. input x、y、z;

B. scanf("%d%d%d",&x,&y,&z);

C. scanf("%d%d%d",x,y,z);

D. read("%d%d%d",&x,&y,&z);

12. 以下程序段的输出结果是(　　)。

```
int  a=1234;
printf("%2d\n",a);
```

A. 12　　B. 34

C. 1234　　D. 提示出错、无结果

13. 已知i、j、k为int型变量,若从键盘输入:1,2,3<回车>,使i的值为1,j的值为2,k的值为3,以下选项中正确的输入语句是(　　)。

A. scanf("%2d%2d%2d",&i,&j,&k);

B. scanf("%d　%d　%d",&i,&j,&k);

C. scanf("%d,%d,%d",&i,&j,&k);

D. scanf("i=%d,j=%d,k=%d",&i,&j,&k);

14. 若有以下程序段:

```
int m=0xabc,n=0xabc;
m-=n;
printf("%x\n",m);
```

执行后输出结果是(　　)。

A. 0X0　　B. 0x0　　C. 0　　D. 0XABC

15. 有以下程序段:

```
int m=0,n=0; char  c='a';
scanf("%d%c%d",&m,&c,&n);
printf("%d,%c,%d\n",m,c,n);
```

若从键盘上输入:10A10<回车>,则输出结果是(　　)。

A. 10,A,10　　B. 10,a,10　　C. 10,a,0　　D. 10,A,0

16. 有定义语句:int x, y;,若要通过scanf("%d,%d",&x,&y);语句使变量x得到数值11,变量y得到数值12,下面四组输入形式中,错误的是(　　)。

A. 11 12<回车>　　B. 11,　12<回车>

C. 11,12<回车>　　D. 11,<回车>12<回车>

17. 有以下程序:

```
#include "stdio. h"
main()
```

```
{ int m=0256,n=256;
printf("%o %o\n",m,n); }
```

程序运行后的输出结果是(　　)。

A. 0256 0400　　B. 0256 256　　C. 256 400　　D. 400 400

18. 以下叙述中正确的是(　　)。

A. 调用 printf 函数时,必须要有输出项

B. 使用 putchar 函数时,必须在之前包含头文件 stdio. h

C. 在 C 语言中,整数可以以二进制、八进制或十六进制的形式输出

D. 调用 getchar 函数读入字符时,可以从键盘上输入字符所对应的 ASCII 码

19. 以下程序的功能是:给 r 输入数据后计算半径为 r 的圆面积 s。

```
#include "stdio. h"
main()
{ int r;
float s;
scanf("%d",&r);
s=pi*r*r;
printf("s=%f\n",s); }
```

程序在编译时出错,出错的原因是(　　)。

A. 注释语句书写位置错误

B. 存放圆半径的变量 r 不应该定义为整型

C. 输出语句中格式描述符非法

D. 计算圆面积的赋值语句中使用了非法变量

20. 有以下程序:

```
#include <stdio. h>
main()
{ char c1='1',c2='2';
c1=getchar(); c2=getchar();
putchar(c1); putchar(c2); }
```

运行时输入:a<回车>后,以下叙述正确的是(　　)。

A. 变量 c1 被赋予字符 a,c2 被赋予回车符

B. 程序将等待用户输入第 2 个字符

C. 变量 c1 被赋予字符 a,c2 中仍是原有字符 2

D. 变量 c1 被赋予字符 a,c2 中将无确定值

二、程序改错题

请纠正以下程序中的错误,以实现其相应的功能。

1. 利用 getchar( )函数读入两个字符,分别赋值给 c1 和 c2,然后分别用 putchar( )和 printf( )输出这两个字符。

```
#include "stdio. h"
```

```
int main( )
{
    chat c1,c2;
    c1=getchar;
    c2=getchar;
    putchar(c1);
    printf("%c",c2);
}
```

2. 输入3个小写字母，输出其ASCII码和对应的大写字母。

```
#include "stdio.h"
int main( )
{
    char a,b,c;
    printf("input character a,b,c\n");
    scanf("%d%d%d",&a,&b,&c);
    printf("%c,%c,%c\n",a,b,c);
    printf("%c,%c,%c\n",a-32,b-32,c-32);
}
```

三、程序填空题

请根据程序功能要求补充完善程序，以实现其相应的功能。

1. 按照要求的格式输入输出数值。

    输入形式：enter x,y: 2　3.4

    输出形式：x+y=5.4

```
#include "stdio.h"
int main( )
{
    int x;
    float y;
    printf("enter x,y: ");
    ____________;
    ____________;
}
```

2. 从键盘上输入一个字符，然后输出该字符的下一个字符。

```
#include "stdio.h"
int main( )
{
    char ch;
    printf("Please input char:\n");
```

```
    ch= ____________
    printf("\nThe next char is:");
    putchar( ____________ );
}
```

四、程序编写题

请根据功能要求编写程序,并完成运行调试。

1. 从键盘上输入变量a的值,计算执行表达式“(b=a+2,a*5),a+16”之后变量a和b以及整个表达式的值,要求输入输出均有文字提示。

2. 将单词English译成密码,译码规律是将字母用它前面的第4个字母代替,如E用A代替,g用c代替。

项目4　C语言的控制结构及程序设计

任务4.1　顺序结构程序设计

【任务目标】

输入一元二次方程的系数a、b、c,用公式法求两个根(注意系数的输入值,要保证方程有实数根)。运行结果如图4-1所示。

```
Please input a,b,c
5 24 16
x1=-0.80
x2=-4.00
Press any key to continue
```

图4-1　任务4.1运行结果

【程序代码】

```
01  #include "stdio.h"
02  #include "math.h"
03  int main()
04  {
05      float a,b,c;
06      float dt,p,q,x1,x2;
07      printf("Please input a,b,c\n");
08      scanf("%f%f%f",&a,&b,&c);
09      dt=b*b-4*a*c;
10      p=-b/(2*a);
11      q=sqrt(dt)/(2*a);
12      x1=p+q;
13      x2=p-q;
14      printf("x1=%5.2f\nx2=%5.2f\n",x1,x2);
15  }
```

【简要说明】

第01行、第02行:预编译命令,包含必需的标准输入输出、数学计算两个头文件。

第09行~第13行:根据求根公式计算。

【相关知识】

4.1.1 算法与程序设计

著名计算机科学家 Nikiklaus Wirth 提出了一个极其经典的公式:数据结构+算法=程序。就是说在程序中要指定数据的类型和数据的组织形式,即数据结构;另外还要包括对操作的描述,即解决问题的方法和操作步骤,也就是算法。当然,要真正完成程序的设计,还需要一定的程序设计方法和编程语言工具及环境。

4.1.1.1 算法的概念

做任何事情都有一定的步骤,为解决一个问题而采取的方法和步骤,就称为算法。

来看一个最简单的例子,计算 1×2×3×4×5。

最原始方法:

步骤 1:先求 1×2,得到结果 2。

步骤 2:将步骤 1 得到的乘积 2 乘以 3,得到结果 6。

步骤 3:将 6 再乘以 4,得 24。

步骤 4:将 24 再乘以 5,得 120。

这样的算法虽然正确,但太麻烦,尤其数值增大之后,比如要计算到 100 就很难实现。

改进的算法:

步骤 1:使 t=1。

步骤 2:使 i=2。

步骤 3:使 t×i,乘积仍然放在变量 t 中,可表示为 t×i→t。

步骤 4:使 i 的值+1,即 i+1→i。

步骤 5:如果 i≤5,返回步骤 3 重新执行(当然也会继续执行步骤 4 和步骤 5);否则,运算结束。

利用改进的算法,如果计算 100!,只需将步骤 5 中的"i≤5"改成"i≤100"即可。

如果要求计算 1×3×5×7×9×11,也只须做很小的改动:

步骤 1:1→t。

步骤 2:3→i。

步骤 3:t×i→t。

步骤 4:i+2→i。

步骤 5:若 i≤11,返回步骤 3;否则,运算结束。

可见,该算法是计算机程序设计中较好的算法,因为计算机是高速运算的自动机器,实现循环轻而易举。

对于程序设计人员,必须会设计算法,并根据算法写出程序。

4.1.1.2 算法的特性

一个优秀的算法,应该满足以下特征:

(1)有穷性。一个算法应包含有限的操作步骤而不能是无限的。

(2)确定性。算法中每一个步骤应当是确定的,而不应当是含糊的、模棱两可的。

(3)有效性。算法中每一个步骤应当能有效地执行,并得到确定的结果。

(4)有零个或多个输入。

(5)有一个或多个输出。

4.1.1.3 结构化程序设计方法

为便于程序的设计、调试和移植,现代程序设计一般采用结构化的程序设计方法。在结构化程序设计中,只有3种基本的程序结构,即顺序结构、选择结构和循环结构。从理论上说,利用这3种基本结构就可以构成任意复杂的程序。

(1)顺序结构。顺序结构的程序设计是最简单的,只要按照解决问题的顺序写出相应的语句就可以,执行顺序是依次执行。

(2)选择结构。选择结构用于判断给定的条件,根据判断的结果来控制程序的流程。使用选择结构语句时,要用条件表达式(通常为关系表达式)来描述条件。选择结构有单分支、双分支和多分支3种形式。

(3)循环结构。循环结构表示程序反复执行某个或某些操作,直到循环条件为假时才可终止循环。循环结构的基本形式有当型循环和直到型循环两种。

当型循环:先判断条件,当满足给定的条件时执行循环体,并且在循环终端处流程自动返回到循环入口;如果条件不满足,则退出循环体直接到达流程出口处。因为是“当条件满足时执行循环体”,即先判断后执行,所以称为当型循环。

直到型循环:从循环结构入口处直接执行循环体,在循环终端处判断条件,如果条件满足,返回入口处继续执行循环体,直到循环条件为假时退出循环。因为是先执行后判断,“直到”循环条件不满足为止,所以称为直到型循环。

结构化程序设计一般采用自顶向下的方式,即首先进行顶层规划,然后逐步细化,直到最基本的模块,最后才进行结构化编码。

最基本的模块应满足以下条件:

(1)只有一个入口。

(2)只有一个出口。

(3)模块内的每一部分都有机会被执行到。

(4)模块内不存在“死循环”。

4.1.2 编译预处理命令

在前述各项目中,已多次使用过以“#”号开头的预处理命令。如包含命令# include、宏定义命令# define 等。这些命令一般都放在源文件的前面,称为预处理部分,其中的“#”表示这是一条预处理命令。所谓预处理,是指在进行编译的第一遍扫描(词法扫描和语法分析)之前所作的工作。预处理是C语言的一个重要功能,它由预处理程序负责完成。当对一个源程序文件进行编译时,系统将自动调用预处理程序对源程序文件中的预处理部分进行处理,之后再自动对源程序文件进行编译。

C语言提供了多种预处理功能,如宏定义、文件包含、条件编译等。合理地使用预处理功能编写的程序便于阅读、修改、移植和调试,也有利于模块化程序设计。

4.1.2.1 宏定义

在C语言源程序中允许用一个标识符来表示一个字符串,称为宏。被定义为宏的标识符称为宏名。在编译预处理时,对程序中出现的所有宏名都用宏定义中的字符串去替换,称为宏代换或者宏展开。

宏定义是由源程序中的宏定义命令完成的,宏代换是由预处理程序自动完成的。在C语言中,宏分为有参数和无参数两种。

(1)无参宏定义。无参宏的宏名后不带参数。其定义的一般形式为:

#define 标识符 字符串

标识符即为所定义的宏名,字符串部分可以是常数、表达式、格式串等。在前面介绍过的符号常量定义就是一种无参宏定义。

宏定义是用宏名来表示一个字符串,在宏展开时又以该字符串取代宏名,这只是一种简单的代换。字符串中可以包含任何字符,预处理程序对它不作任何检查,如有错误,只能在编译已被宏展开后的源程序时发现。宏定义不是说明或语句,在行末不必加分号,若加上分号则连分号也一起置换。另外,如果宏名在源程序中用引号括起来,则预处理程序不对其作宏代换。

宏定义必须写在函数之外,其作用域为宏定义命令起到源程序结束。如要终止其作用域可使用"# undef"命令。例如,源程序的前面有宏定义#define PI 3. 14159,则 PI 表示3. 14159;如果源程序的后面还有# undef PI,则此后 PI 宏定义结束,不再代表 3. 14159。

(2)带参宏定义。C 语言允许宏带有参数,在宏定义中的参数称为形式参数,在宏调用中的参数称为实际参数。对带参数的宏,在调用中不仅要宏展开,而且还要用实际参数去代换形式参数。带参宏定义的一般形式为:

#define 宏名(形式参数表) 字符串

在后面的字符串中要含有前面的各个形式参数。

带参宏调用的一般形式为:

宏名(实际参数表);

例如,若某程序已有定义"#define M(y) y * y+3 * y",后面出现宏调用"k=M(5);"时,用实际参数 5 去代替形式参数 y,经预处理宏展开后的语句为"k=5 * 5+3 * 5;"。

4.1.2.2 **文件包含**

文件包含是 C 预处理程序的另一个重要功能。文件包含命令行的一般形式为:

#include "文件名" 或者 #include <文件名>

在前面已多次用此命令包含过库函数的头文件。例如:

```
#include "stdio. h"
#include "math. h"
```

文件包含命令的功能是把指定的文件插入该命令行位置取代该命令行,从而把指定的文件和当前的源程序文件连成一个源文件。在程序设计中,文件包含是很有用的。一个大的程序可以分为多个模块,由多个程序员分别编程。有些公用的符号常量或宏定义等可单独组成一个文件,在其他文件的开头用包含命令包含该文件即可使用。这样,可避免在每个文件开头都去书写那些公用量,从而节省时间,并减少出错。

包含命令中的文件名可以用双引号括起来,也可以用尖括号括起来,但是这两种形式是有区别的。使用尖括号表示在包含文件目录中去查找(包含目录是由用户在设置环境

时设置的)，而不在源文件目录中去查找；使用双引号则表示首先在当前的源文件目录中查找，若未找到才到包含目录中去查找。用户编程时，可根据自己文件所在的目录来选择某一种命令形式，相对而言，由于双引号包含查找路径更多，所以更为常用。

另外，文件包含允许嵌套，即在一个被包含的文件中又可以包含另一个文件。而且，C语言对于嵌套的数量没有限制。

4.1.2.3 条件编译

预处理程序提供了条件编译的功能，可以按不同的条件去编译不同的程序部分，因而产生不同的目标代码文件，这对于程序的移植和调试是很有用的。需要说明的是，条件编译一般要和宏定义命令配合使用。

条件编译有三种形式，下面分别介绍。

(1)第一种形式：

```
#ifdef 标识符
    程序段 1
#else
    程序段 2
#endif
```

它的功能是，如果标识符已被 #define 命令定义过，则对程序段 1 进行编译；否则，对程序段 2 进行编译。如果没有程序段 2，本格式中的#else 可以没有，即可以写为：

```
#ifdef 标识符
    程序段
#endif
```

(2)第二种形式：

```
#ifndef 标识符
    程序段 1
#else
    程序段 2
#endif
```

与第一种形式的区别是将“ifdef”改为“ifndef”。它的功能是，如果标识符未被#define命令定义过，则对程序段 1 进行编译，否则对程序段 2 进行编译。这与第一种形式的功能正相反。

(3)第三种形式：

```
#if 常量表达式
    程序段 1
#else
    程序段 2
#endif
```

它的功能是，如常量表达式的值为真(非 0)，则对程序段 1 进行编译，否则对程序段 2 进行编译。

从上面的介绍可以看出,采用条件编译可以使程序在不同条件下编译不同的程序段,形成不同的程序代码,完成不同的功能。

4.1.3 顺序结构程序的组成

顺序结构表示程序中的各操作是按照它们出现的先后顺序执行的。在顺序结构中,一般包含以下两个部分。

(1)编译预处理命令。在程序的开头部分一般都要包含编译预处理命令,在程序中要使用标准库函数,必须使用编译预处理命令,将相应的头文件包含进来。

(2)函数部分。顺序结构的函数体是由完成具体功能的各条语句顺序组成的,主要包括变量定义、输入部分、运算部分、输出部分等。

需要说明的是,顺序结构程序虽然是程序设计中最简单的部分,但也是最基本的部分,要编写出高质量的顺序程序也不是一日之功,还需要不断地认真练习。

下面来看一个简单的顺序结构程序,其功能是要求用户从键盘上输入一个三位正整数,然后逆序输出。程序的运行过程大家可以自行分析。

```
#include "stdio.h"
int main( )
{
    int nz,nf;                      //变量定义
    int ge,shi,bai;
    printf("请输入一个三位正整数:\n");
    scanf("%3d",&nz);               //从键盘输入三位整数
    ge=nz%10;                       //个位数字
    shi=nz/10%10;                   //十位数字
    bai=nz/100;                     //百位数字
    nf=ge * 100+shi * 10+bai;       //生成逆序三位正整数
    printf("逆序的三位正整数为:%d\n",nf);    //屏幕输出结果
}
```

任务 4.2 简单选择程序设计

【任务目标】

改写完善任务 4.1 的程序,使其具有系数分析功能,若 $b^2-4ac<0$,提示输入系数错误,否则计算并输出方程的两个根。输入系数错误时,运行结果如图 4-2 所示。

```
Please input a,b,c
1 3 5
Input a,b,c ERROR!
Press any key to continue
```

图 4-2 任务 4.2 运行结果

【程序代码】

```
01  #include "stdio.h"
02  #include "math.h"
03  int main()
04  {
05      float a,b,c;
06      float dt,p,q,x1,x2;
07      printf("Please input a,b,c\n");
08      scanf("%f%f%f",&a,&b,&c);
09      dt=b*b-4*a*c;
10      if (dt>=0)
11      {
12          p=-b/(2*a);
13          q=sqrt(dt)/(2*a);
14          x1=p+q;
15          x2=p-q;
16          printf("x1=%5.2f\nx2=%5.2f\n",x1,x2);
17      }
18      else
19      {
20          printf("Input a,b,c ERROR! \n");
21      }
22  }
```

【简要说明】

第 10 行:使用 if 语句判断方程是否有实根。

第 12 行~第 16 行:计算方程的两个实根并输出,共有 5 条语句,使用{}括起来构成一条复合语句。

第 20 行:第二个分支只有一条语句,可以去掉前后的{},直接跟在 else 关键字的后面即可。当然,使用{}看起来更规范。

【相关知识】

4.2.1 if 语句

if 语句是最常用的选择结构控制语句。它根据给定的条件进行判断,以决定执行某个分支程序段。C 语言的 if 语句有三种基本形式。

4.2.1.1 if 语句的三种形式

(1)单分支结构。其一般形式为:

```
if (表达式)
    语句;
```

其功能是:如果表达式的值为真(非0),则执行其后的语句,否则不执行该语句。

其中的“表达式”可以是任意合法的表达式,当然以关系表达式和逻辑表达式最为常用。此处的“语句”只能为一条语句,若需执行的操作较多,可将多条语句用花括号“{ }”括起来,构成一条复合语句。

下面的例子利用if语句实现最大值的判别并输出。

```
#include "stdio.h"
int main( )
{
    int a,b,max;
    printf("Please input two numbers:\n ");
    scanf("%d%d",&a,&b);
    max=a;
    if (max<b)
        max=b;
    printf("max=%d",max);
}
```

本例程序中,输入两个数a、b。把a先赋予变量max,再用if语句判别max和b的大小,如max小于b,则把b赋予max。因此,max中总是大数,最后输出max的值。

(2)双分支结构。其一般形式为:

```
if (表达式)
    语句1;
else
    语句2;
```

其功能是:如果表达式的值为真,则执行语句1,否则执行语句2 。

上面的例子可以更改为:

```
#include "stdio.h"
int main( )
{
    int a, b;
    printf("Please input two numbers:\n");
    scanf("%d%d",&a,&b);
    if(a>b)
        printf("max=%d\n",a);
    else
        printf("max=%d\n",b);
}
```

(3)多分支结构。其一般形式为:

```
if(表达式1)
    语句1;
else if(表达式2)
    语句2;
else if(表达式3)
    语句3;
…
else if(表达式m)
    语句m;
else
    语句n;
```

其功能是:依次判断表达式的值,当出现某个值为真时,则执行其对应的语句。然后跳到整个if语句之外继续执行程序。如果所有的表达式均为假,则执行语句n,然后继续执行后续程序。

下面来看一个多分支结构程序的例子。

```
#include "stdio.h"
int main()
{
    char c;
    printf("Please input a character:\n");
    c=getchar();
    if(c<32)
        printf("This is a control character\n");
    else if(c>='0'&&c<='9')
        printf("This is a digit\n");
    else if(c>='A'&&c<='Z')
        printf("This is a capital letter\n");
    else if(c>='a'&&c<='z')
        printf("This is a small letter\n");
    else
        printf("This is an other character\n");
}
```

本例的功能是判别键盘输入字符的类别。由附录A的ASCII码表可知,ASCII值小于32的为控制字符,在“0”和“9”之间的为数字,在“A”和“Z”之间为大写字母,在“a”和“z”之间为小写字母,其余则为其他字符。本例采用if-else-if语句编程,判断输入字符ASCII码所在的范围,分别给出不同的输出。例如,输入为“g”,输出显示它为小写字母。

4.2.1.2 if语句的嵌套

当if语句中的执行语句又是if语句时，则构成了if语句嵌套的情形。其一般形式为：

```
if(表达式)
    if语句;
```

或者为

```
if(表达式)
    if语句1;
else
    if语句2;
```

嵌套内的if语句可能又是if-else型的，这将会出现多个if和多个else重叠的情况，这时要特别注意if和else的配对问题。例如：

```
if(表达式1)
    if(表达式2)
        语句1;
    else
        语句2;
```

其中的else究竟是与哪一个if配对呢？C语言规定，else总是与它前面最近的if配对。再如：

```
if(表达式1)
    if(表达式2)
        语句1;
    else
        语句2;
else
    if(表达式3)
        语句3;
    else
        语句4;
```

大家可以自行分析各个if、else的配对情况。

4.2.2 条件运算符和条件表达式

在双分支if语句中，如果只执行单个赋值语句，则可以使用条件表达式来实现。不但使程序简洁，也提高了运行效率。

条件运算符为“?”和“:”，它是一个三目运算符，即有三个参与运算的量。在条件表达式中，条件运算符?和:是一对运算符，不能分开单独使用。条件运算符的运算优先级低于关系运算符和算术运算符，但高于赋值运算符。条件运算符的结合方向是自右至左。

由条件运算符组成条件表达式的一般形式为：

表达式1?　表达式2:表达式3

其求值规则为:如果表达式1的值为真(非0),则以表达式2的值作为条件表达式的值,否则以表达式3的值作为整个条件表达式的值。

条件表达式通常用于赋值语句之中。例如,某程序中有如下的双分支if语句:

```
if(a>b)
    max=a;
else
    max=b;
```

可用条件表达式写为:

```
max=(a>b)? a:b;
```

可见,采用条件表达式,可使这类程序大为简化。

任务4.3　多分支选择程序设计

【任务目标】

编写一个简易面积计算程序。要求用户输入需要计算的图形,接着自动提醒继续输入图形的详细信息,最后计算面积并输出。运行结果如图4-3所示。

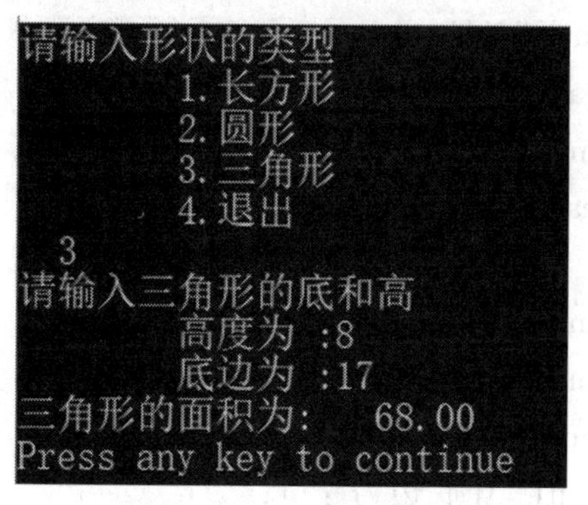

图4-3　任务4.3运行结果

【程序代码】

```
01  #include "stdio.h"
02  #define  PI  3.14
03  int main()
04  {
05      float r,l,w,h,area;
06      int n;
07      printf("请输入形状的类型\n");
08      printf("\t1.长方形\n");
09      printf("\t2.圆形\n");
```

```
10          printf("\t3. 三角形\n");
11          printf("\t4. 退出\n  ");
12          scanf("%d",&n);
13          switch(n)
14          {
15                case 1:
16                      printf("请输入长方形的长和宽\n");
17                      printf("\t 长度为 :");
18                      scanf("%f",&l);
19                      printf("\t 宽度为 :");
20                      scanf("%f",&w);
21                      area=l * w;
22                      printf("长方形的面积为: %7.2f\n",area);
23                      break;
24                case 2:
25                      printf("请输入圆的半径\n");
26                      printf("\t 半径为 :");
27                      scanf("%f",&r);
28                      area=PI * r * r;
29                      printf("圆的面积为: %7.2f\n",area);
30                      break;
31                case 3:
32                      printf("请输入三角形的底和高\n");
33                      printf("\t 高度为 :");
34                      scanf("%f",&h);
35                      printf("\t 底边为 :");
36                      scanf("%f",&l);
37                      area=0.5 * h * l;
38                      printf("三角形的面积为: %7.2f\n",area);
39                      break;
40                case 4:
41                      printf("退出程序\n");
42                      break;
43                default:
44                      printf("选项错误\n");
45                      break;
46          }
47    }
```

【简要说明】

第13行:switch语句通常用于多分支的选择结构,根据括号内表达式的值确定不同的分支。

第15行、第24行、第31行、第40行:分别为四个确定分支,由n对应的不同值确定。

第43行:缺省分支,即n值没有对应分支时执行的分支。

第23行、第30行、第39行、第42行、第45行:break关键字用于跳出各分支。因为已经是最后,第45行的break语句可以省略。

【相关知识】

4.3.1 switch语句的构成

C语言中,简单的分支少的选择结构程序可以使用if语句,对于分支比较多的情况,C语言还提供了另外一种用于多分支选择的switch语句,其一般形式为:

```
switch(表达式)
{
    case 常量表达式1:
        语句1;
    case 常量表达式2:
        语句2;
    …
    case 常量表达式n:
        语句n;
    default :
        语句n+1;
}
```

其功能是:首先计算表达式的值,并逐个与其后的常量表达式相比较,当表达式的值与某个常量表达式的值相等时,即执行其后的语句。然后不再进行判断,继续执行后面所有case后的语句。如表达式的值与所有case后的常量表达式均不相同,则执行default后的语句。下面来看一个具体的例子。

```
#include "stdio.h"
int main( )
{
    int a;
    printf("input integer number:");
    scanf("%d",&a);
    switch (a)
    {
        case 1:  printf("Monday\n");
```

```
        case 2:  printf("Tuesday\n");
        case 3:  printf("Wednesday\n");
        case 4:  printf("Thursday\n");
        case 5:  printf("Friday\n");
        case 6:  printf("Saturday\n");
        case 7:  printf("Sunday\n");
        default: printf("error\n");
    }
}
```

上面的程序是要求输入一个数字,然后根据数字要求输出一个英文单词。但是,运行时会发现,当输入3之后,却执行了case 3以及以后的所有语句,输出了Wednesday及以后的所有单词,这当然是不希望的。为什么会出现这种情况呢?这恰恰反映了switch语句的一个特点。在switch语句中,"case 常量表达式"只相当于一个语句标号,表达式的值和某标号相等则转向该标号执行,但不能在执行完该标号的语句后自动跳出整个switch语句,所以出现了继续执行所有后面case语句的情况。这与前面介绍的if语句完全不同,应特别注意。

为了避免上述情况,C语言还提供了一种break语句,可用于跳出switch语句。break语句只有关键字break,没有参数。修改上面的程序,在每个case语句之后增加break语句,使每一次执行case后面语句之后均可跳出switch语句,从而避免输出不应有的结果。

修改后的程序如下:

```
#include "stdio.h"
int main( )
{
    int a;
    printf("input integer number: ");
    scanf("%d",&a);
    switch (a)
    {
        case 1:  printf("Monday\n");  break;
        case 2:  printf("Tuesday\n");  break;
        case 3:  printf("Wednesday\n");  break;
        case 4:  printf("Thursday\n");  break;
        case 5:  printf("Friday\n");  break;
        case 6:  printf("Saturday\n");  break;
        case 7:  printf("Sunday\n");  break;
        default:  printf("error\n");
    }
}
```

4.3.2 switch 语句的应用

在使用 switch 语句时,还应注意以下几点:

(1)在 case 后的各常量表达式的值不能相同,否则会出现错误。

(2)在 case 后,允许有多个语句,可以不用{}括起来。

(3)各 case 和 default 子句的先后顺序可以任意变动,不会影响程序执行结果。

(4)default 子句可以省略。

下面再来看一个模拟计算器的例子,用户输入运算数和四则运算符,程序将自动输出计算结果。

```
#include "stdio.h"
int main( )
{
    float a,b;
    char c;
    printf("input expression: a+(-,*,/)b \n");
    scanf("%f%c%f",&a,&c,&b);
    switch(c)
    {
        case '+': printf("%f\n",a+b);   break;
        case '-': printf("%f\n",a-b);   break;
        case '*': printf("%f\n",a*b);   break;
        case '/': printf("%f\n",a/b);   break;
        default: printf("input error\n");
    }
}
```

本例可用于四则运算求值。switch 语句用于判断运算符,然后输出运算值。而当输入运算符不是+、-、*、/时,给出错误提示。

任务 4.4 简单循环程序设计

【任务目标】

计算 1+2+3+...+500 的值,并在屏幕上输出。运行结果如图 4-4 所示。

```
1+2+...+500的和值为: 125250
Press any key to continue
```

图 4-4 任务 4.4 运行结果

【程序代码】

```
01  #include "stdio.h"
02  int main( )
03  {
04      int i=1,sum=0;
05      while(i<=500)
06      {
07          sum=sum+i;
08          i++;
09      }
10      printf("1+2+...+500 的和值为:%d\n",sum);
11  }
```

【简要说明】

第05行:while循环结构控制语句,括号内的表达式为循环执行条件,用于控制循环执行过程。

第07行:随着i的变化,将i的值累加到sum中。

第08行:每循环一次,i自动加1,以控制循环的进程。

【相关知识】

循环结构是程序中一种很重要的结构。其特点是,在给定条件成立时,反复执行某程序段,到条件不成立为止。给定的条件称为循环条件,反复执行的程序段称为循环体。C语言提供了多种循环语句,可以组成各种不同形式的循环结构。此处只介绍最为常用的几种循环结构语句。

4.4.1 while语句

while语句的一般形式为:

```
while(表达式)
    语句;
```

其中,“表达式”是循环条件,“语句”为循环体。

while语句的功能是:计算表达式的值,当值为真(非0)时,执行循环体语句;否则,将跳过循环体语句,执行后续语句。

例如,下面的程序用来统计从键盘输入一行字符的个数。

```
#include "stdio.h"
int main( )
{
    int n=0;
    printf ("Please input a string:\n");
```

```
    while (getchar()! ='\n')
        n++;
    printf ("输入字符的个数为:%d",n);
}
```

本例程序中的循环条件为 getchar()! ='\n',其意义是,只要从键盘输入的字符不是回车符就继续循环。循环体 n++完成对输入字符的个数计数,最终在屏幕上显示输入的字符串字符个数。

使用 while 语句时,应注意以下两点:

(1)while 语句中的表达式一般是关系表达式或逻辑表达式,但理论上可以是任意表达式,只要表达式的值为真(非 0)即可继续循环。

(2)循环体只能包含一条语句。如果必须包括多个操作,则应将多条语句用{ }括起来,组成一条复合语句。

4.4.2 do-while 语句

do-while 语句的一般形式为:

```
do
    语句;
while(表达式);
```

这个语句与 while 循环的不同在于:首先执行循环体中的语句,然后再判断表达式是否为真(非 0),如果为真则继续循环,否则终止循环。因此,do-while 循环至少要执行一次循环体语句。

下面来看一个猜数游戏的例子。

```
#include "stdio.h"
#include "stdlib.h"
int main()
{
    int d,x,n=0;
    printf("这是一个猜数游戏,看看您的运气如何? \n");
    d=rand()%90+10;
    do
    {
        n++;
        printf("请输入一个两位整数\n");
        scanf("%d",&x);
        if(x>d)
            printf("您猜大了,请重猜! \n");
        else if(x<d)
            printf("您猜小了,请重猜! \n");
```

```
    }while(x!=d && n<=12);
    if(n>12)
        printf("您运气太差了,继续努力! \n");
    else if(n>8)
        printf("共猜了%d 次,成绩合格! \n",n);
    else if(n>3)
        printf("共猜了%d 次,成绩良好! \n",n);
    else
        printf("共猜了%d 次,成绩优秀! \n",n);
}
```

本程序中用到了产生随机数的 rand 函数,该函数使用前需包含头文件 stdlib. h。程序运行后,先产生一个两位随机数,然后请用户去猜。若用户没有猜对且次数不超过 12 次,则会给出提示信息,并请用户继续猜下去。循环结束之后,根据用户所猜次数给出成绩信息。

4.4.3 for 语句

4.4.3.1 for 语句的一般形式

在 C 语言中,for 语句使用最为灵活,它完全可以取代 while 语句,是应用最为普遍的循环控制语句。它的一般形式为:

```
for(表达式 1; 表达式 2; 表达式 3)
    语句;
```

它的执行过程如下:

(1)求解表达式 1。

(2)求解表达式 2,若其值为真(非 0),则执行 for 语句中指定的内嵌语句(循环体),然后执行下面第(3)步;若其值为假(0),则结束循环,转到第(5)步。

(3)求解表达式 3。

(4)转回上面第(2)步继续执行。

(5)循环结束,执行 for 语句下面的后续语句。

for 语句最简单的应用形式也是最容易理解的形式如下:

```
for(循环变量赋初值; 循环条件; 循环变量增量)
    语句;
```

循环变量赋初值总是一个赋值语句,它用来给循环控制变量赋初值;循环条件是一个表达式(一般采用关系表达式),它决定什么时候退出循环;循环变量增量,确定每循环一次后循环控制变量按什么方式变化。这三个部分之间必须用“;”分开。例如:

```
for(i=1; i<=100; i++)
    sum=sum+i;
```

其执行过程为:先给循环控制变量 i 赋初值 1,判断 i 是否小于等于 100,条件满足则执行循环体的求和语句。之后循环控制变量 i 值增加 1,再重新判断,直到条件为假(i>

100)时结束循环。以上两行程序相当于:

```
i=1;
while(i<=100)
{
    sum=sum+i;
    i++;
}
```

显然,采用 for 循环更为简洁方便。

4.4.3.2　for 语句使用注意事项

for 循环语句在使用时,应注意以下事项:

(1)for 循环中的表达式 1(循环变量赋初值)、表达式 2(循环条件)和表达式 3(循环变量增量)都是可选项,即都可以省略,但其中的“;”不能省略。

(2)省略了表达式 1(循环变量赋初值),表示不对循环控制变量赋初值,即可以在循环开始之前赋初值(while 语句就是这么做的)。

(3)省略了表达式 2(循环条件),若不做其他处理便成为死循环。

(4)省略了表达式 3(循环变量增量),则不对循环控制变量进行操作,这时可在循环体语句中加入修改循环控制变量的语句。

(5)同时省略表达式 1(循环变量赋初值)和表达式 3(循环变量增量),即等同于 while 语句。例如,本项目任务 4 的程序可以修改为:

```
#include "stdio.h"
int main( )
{
    int i=1,sum=0;
    for( ;i<=500 ; )
    {
        sum=sum+i;
        i++;
    }
    printf("1+2+...+500 的和值为:%d\n",sum);
}
```

(6)3 个表达式也可以都省略。“for (; ;) 语句;”相当于“while (1) 语句;”。

(7)表达式 1 可以是设置循环变量初值的赋值表达式,也可以是其他表达式。比如:

```
for(sum=0;i<=100;i++)
    sum=sum+i;
```

(8)表达式 1 和表达式 3 可以是一个简单表达式,也可以是逗号表达式。比如:

```
for(sum=0,i=1;i<=100;i++)
    sum=sum+i;
```

(9)表达式 2 一般是关系表达式或逻辑表达式,但也可以是数值表达式或字符表达

式,只要其值非零,就执行循环体。比如:

```
for( ; (c=getchar())! ='\n';)
    printf("%c",c);
```

上面的循环程序段用来通过键盘输入字符串,直至输入回车符('\n')为止,并输出显示在屏幕上。

下面来看一个 for 语句构成循环程序的具体例子,本程序的功能是计算 1-3+5-7+...-99,大家可以自行分析其运行过程。

```
#include "stdio.h"
int main( )
{
    int i,k=1,sum=0;
    for(i=1; i<100; i+=2)
    {
        sum+=i * k;
        k * =-1;
    }
    printf("1-3+5-7+...-99=%d\n",sum);
}
```

任务 4.5 复杂循环程序设计

【任务目标】

利用循环语句的嵌套编写程序,输出如图 4-5 所示的图形。

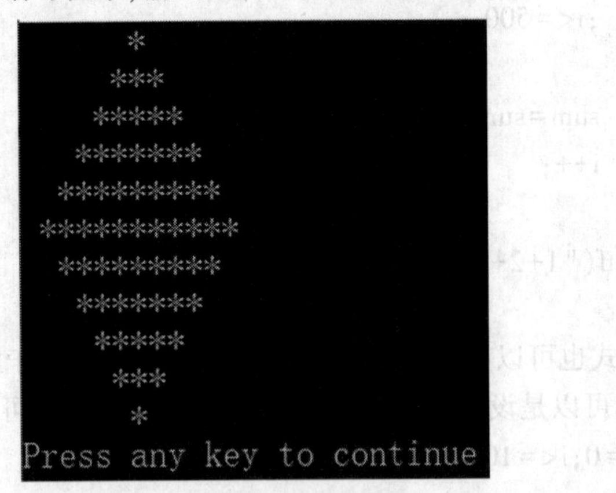

图 4-5 任务 4.5 运行结果

【程序代码】

```
01  #include "stdio.h"
02  int main()
```

```
03  {
04        int i,j,k;
05        for(i=0;i<=5;i++)
06        {
07              for(j=0;j<=5-i;j++)
08                    printf(" ");
09              for(k=0;k<=2*i;k++)
10                    printf("*");
11              printf("\n");
12        }
13        for(i=4;i>=0;i--)
14        {
15              for(j=0;j<=5-i;j++)
16                    printf(" ");
17              for(k=0;k<=2*i;k++)
18                    printf("*");
19              printf("\n");
20        }
21  }
```

【简要说明】

该程序总体上由两大部分组成,分别用for循环控制输出图形的上三角形、下三角形两部分。

第05行:第一个大的for循环,用于控制输出图形的上半部分,即前6行。

第07行:用于控制输出每一行前面的空格。

第09行:用于控制输出每一行后面的“*”。

第11行:用于控制换行。

第13行:第二个大的for循环,用于控制输出图形的下半部分,即后5行。

【相关知识】

4.5.1 循环的嵌套

一个循环的循环体中又可以包含另一个完整的循环结构,称为循环的嵌套。前面已经介绍,循环控制结构可以用多种语句实现,最为常用的主要是while循环和for循环,构成循环嵌套的也主要是这两种循环结构的组合。

(1)while循环嵌套while循环。一般形式如下:

```
while(   )
{ ...
```

```
    while(   )
    {  ...  }
}
```

(2) while 循环嵌套 for 循环。一般形式如下：

```
while(   )
{  ...
    for(  ;  ;  )
    {  ...  }
}
```

(3) for 循环嵌套 while 循环。一般形式如下：

```
for(  ;  ;  )
{  ...
    while(   )
    {  ...  }
}
```

(4) for 循环嵌套 for 循环。一般形式如下：

```
for(  ;  ;  )
{  ...
    for(  ;  ;  )
    {  ...  }
}
```

下面来看一个循环嵌套的例子，该程序的功能是输出九九乘法表。

```
#include "stdio.h"
int main()
{
    int i,j;
    for(i=1;i<10;i++)
    {
        for(j=1;j<=i;j++)
            printf("%d * %d=%2d   ",j,i,i * j);
        printf("\n");
    }
}
```

这是一个 for 循环嵌套 for 循环的例子。外面的大循环共循环 9 次，即将在屏幕上输出 9 行信息。里面的小循环控制每行的输出信息，其数量与 i 有关，即每行输出的信息个数不同，第 1 行有 1 组，第 2 行有 2 组，第 3 行有 3 组，……，上面的程序运行后，即可在屏幕上输出九九乘法表。

再来看一个利用多重循环程序解决实际问题的例子。公安部门怀疑 A、B、C、D、E 这

5个嫌疑人可能参与了一起银行抢劫案，但还无法确定谁是真正的案犯。通过深入调查，取得了以下五条线索：如果A参与了作案，那么B也一定参与；B和C二人中只有一人参与了作案；C和D要么都参与了作案，要么都没有参与；D和E两人中至少有一人参与作案；如果E参与了作案，那么A和D一定参与作案。

算法分析：如果用1表示作案，用0表示未作案，则每个人的取值范围是{0,1}。利用循环嵌套列出5个人所有可能取值的组合，从中找出同时满足以上五个线索的所有组合，就是本案在现有线索下得到的分析结果。

参考程序代码如下：

```
#include "stdio.h"
int main( )
{
    int A,B,C,D,E;
    int s=0,n=0;
    for(A=0; A<2; A++)
     for(B=0; B<2; B++)
      for(C=0; C<2; C++)
       for(D=0; D<2; D++)
        for(E=0; E<2; E++)
        {
            s=0;
            s+=((A==0) || (A==1 && B==1));
            s+=(B+C==1);
            s+=(C==D);
            s+=(D+E>=1);
            s+=((E==0) || (E==1 && A==1 && D==1));
            if (s==5)          //五条线索全部满足
            {
            n++;
            printf("可能结果 %d:\n",n);
            printf("嫌疑人A%s作案\n",(A==1)?"参与":"未参与");
            printf("嫌疑人B%s作案\n",(B==1)?"参与":"未参与");
            printf("嫌疑人C%s作案\n",(C==1)?"参与":"未参与");
            printf("嫌疑人D%s作案\n",(D==1)?"参与":"未参与");
            printf("嫌疑人E%s作案\n",(E==1)?"参与":"未参与");
            }
        }
}
```

从上例可以看出，充分发挥计算机执行速度快的优势，利用“穷举法”找出所有可能，然后进行分析判断,正是计算机程序分析问题的优势。

4.5.2 循环中止控制语句

如前所述,循环结构可以通过判断循环条件来结束循环,但在实际中,有时还可能出现一些非正常的因素结束循环。也就是说,在执行循环体的过程中,可以通过判断某些条件来结束循环,称为循环的中止。循环的中止不但需要条件判断,还需要循环中止控制语句。

4.5.2.1 break 语句

在 switch 语句中,已经使用 break 语句跳出分支。在循环结构中,break 语句可用于退出循环。当然,使用 break 语句退出循环必须是有条件的,通常 break 语句总是与 if 语句联用,即满足一定条件时跳出循环而执行循环后面的语句。来看下面的例子:

```
#include "stdio.h"
int main()
{
    int i=0;
    char c;
    while(1)                         //循环条件表达式为 1,可能成为死循环
    {
        c='\0';
        while(c!=13&&c!=27)          //键盘接收字符,直到按回车键或 ESC 键
        {
            c=getchar();
            printf("%c\n", c);
        }
        if(c==27)
            break;                   //若按下 ESC 键则退出循环
        i++;
        printf("The No. is %d\n", i);
    }
    printf("The end");
}
```

上面的程序为一个 while 循环嵌套 while 循环结构。外循环的条件表达式为常量 1,始终为非零,即条件始终满足,若无中止退出机制则将成为死循环。在其循环体中,利用 if 语句和 break 语句配合,判断是否按下 ESC 键,若按下该键则退出整个循环。

另外还需要说明的是,在循环嵌套构成的多层循环中,break 语句只能跳出其所在的循环,而不能退出所有循环。也就是说,一个 break 语句只向外跳一层,若多层循环均需中止退出机制,则需要多个 break 语句与 if 语句配合使用。

4.5.2.2 continue 语句

continue 语句的作用是跳过循环体中剩余的语句而强行执行下一次循环。continue 语句只用在 for、while、do-while 等语句的循环体中，与 if 语句配合用来加速循环。

也就是说，continue 语句并没有使当前循环结束，而是跳过剩下的循环体语句，转到了循环条件的判断部分。在 while 和 do while 循环中，continue 语句使程序直接跳到循环条件的判断，决定是否继续执行循环；在 for 循环中，遇到 continue 语句后将转到计算表达式 3，然后判断表达式 2，决定是否继续执行循环。

下面来看一个 continue 语句应用的例子。

```
#include "stdio.h"
int main()
{
    char c;
    while(c!=13)        //按下回车键将退出循环
    {
        c=getchar();
        if(c==27)       //若按 ESC 键不输出,直接进行下次循环
            continue;
        printf("%c\n", c);
    }
}
```

再来看一个循环中止语句应用的例子，本程序的功能是输出 100~200 之间的全部素数，每行显示 5 个。具体编程细节大家可以自行分析。

```
#include "stdio.h"
#include <math.h>
int main( )
{
    int m,i,k,n=0;
    for(m=101;m<=200;m=m+2)
    {
        k=sqrt(m);
        for(i=2;i<=k;i++)
            if(m%i==0)
                break;
        if(i>k)
        {
            printf("%d     ",m);
            n=n+1;
            if(n%5==0)
```

```
        printf("\n");
    }
  }
}
```

总结点拨

本项目简要介绍了算法与程序设计的基本思路，详细分析了顺序结构、选择结构、循环结构程序的设计方法，大家应重点掌握 if 语句、switch 语句、while 语句、for 语句的一般形式及嵌套使用方法。

所谓结构化程序设计，实质就是自顶向下的模块化设计方法，将一个复杂问题依次拆分为若干个模块，直至能够用最基本的顺序结构、选择结构、循环结构表示。大家在编写程序之初，一定要有全局观念，时刻把握程序的总体结构；随着程序设计的深入，再逐步深入其中的细节，并通过调试不断完善，直至设计出符合项目要求的程序。党的二十大报告中要求我们：把握好全局和局部、当前和长远、宏观和微观、主要矛盾和次要矛盾、特殊和一般的关系，不断提高战略思维、历史思维、辩证思维、系统思维、创新思维、法治思维、底线思维能力，为前瞻性思考、全局性谋划、整体性推进党和国家各项事业提供科学思想方法。

课后提升

一、单项选择题

1. 表达式“10! =9”的值是(　　)。

A. true　　B. 非零值　　C. 0　　D. 1

2. 能正确表示逻辑关系“a≥10 或 a≤0”的 C 语言表达式是(　　)。

A. a>=10 or a<=0　　B. a>=0|a<=10

C. a>=10 &&a<=0　　D. a>=10 || a<=0

3. 有以下程序：

```
#include "stdio.h"
main()
{ int a,b,c=246;
a=c/100%9;
b=(-1)&&(-1);
printf("%d,%d\n",a,b);}
```

输出结果是(　　)。

A. 2,1　　B. 3,2　　C. 4,3　　D. 2,-1

4. 若变量 c 为 char 类型，能正确判断出 c 为小写字母的表达式是(　　)。

A. 'a'<=c<= 'z'　　B. (c>= 'a')||(c<= 'z')

C. ('a'<=c)and ('z'>=c)　　D. (c>= 'a')&&(c<= 'z')

5. 下面程序的输出是(　　)。

```
#include "stdio.h"
main()
{ int a=-1,b=4,k;
k=(a++<=0)&&(!(b--<=0));
printf("%d %d %d%\n",k,a,b);}
```

A. 0 0 3　　B. 0 1 2　　C. 1 0 3　　D. 1 1 2

6. 有如下程序段:

```
int a=14,b=15,x;
char c='A';
x=(a&&b)&&(c<'B');
```

执行该程序段后,x的值为(　　)。

A. true　　B. false　　C. 0　　D. 1

7. 表示数学上的关系 x<=y<=z 的C语言表达式为(　　)。

A. (x<=y)&&(y<=z)　　B. (x<=y)AND(y<=z)

C. (x<=y<=z)　　D. (x<=y)&(y<=z)

8. 阅读以下程序:

```
#include "stdio.h"
main()
{ int x;
scanf("%d",&x);
if(x--<5) printf("%d",x);
else printf("%d",x++); }
```

程序运行后,如果从键盘上输入5,则输出结果是(　　)。

A. 3　　B. 4　　C. 5　　D. 6

9. 语句:printf("%d",(a=2)&&(b= -2));的输出结果是(　　)。

A. 无输出　　B. 结果不确定　　C. -1　　D. 1

10. 有如下程序,该程序的输出结果是(　　)。

```
#include "stdio.h"
main()
{ int x=1,a=0,b=0;
switch(x){
case 0: b++;
case 1: a++;
case 2: a++;b++;}
printf("a=%d,b=%d\n",a,b);}
```

A. a=2,b=1　　B. a=1,b=1　　C. a=1,b=0　　D. a=2,b=2

11. 有如下程序

```
#include "stdio.h"
main()
{ float x=2.0,y;
if(x<0.0) y=0.0;
else if(x<10.0) y=1.0/x;
else y=1.0;
printf("%f\n",y);}
```

该程序的输出结果是(　　)。

A. 0.000000　　B. 0.250000　　C. 0.500000　　D. 1.000000

12. 若执行以下程序时从键盘上输入9,则输出结果是(　　)。

```
#include "stdio.h"
main()
{ int n;
scanf("%d",&n);
if(n++<10) printf("%d\n",n);
else printf("%d\n",n--);}
```

A. 11　　B. 10　　C. 9　　D. 8

13. t为int类型,进入下面的循环之前,t的值为0

```
while( t=1 )
{ ……}
```

则以下叙述中正确的是(　　)

A. 循环控制表达式的值为0　　B. 循环控制表达式的值为1

C. 循环控制表达式不合法　　D. 以上说法都不对

14. 有以下程序:

```
#include "stdio.h"
main( )
{ int i,s=0;
for(i=1;i<10;i+=2)    s+=i+1;
printf("%d\n",s);}
```

程序执行后的输出结果是(　　)。

A. 自然数1~9的累加和　　B. 自然数1~10的累加和

C. 自然数1~9中的奇数之和　　D. 自然数1~10中的偶数之和

15. 以下程序段的输出结果是(　　)。

```
int x=3;
do
{   printf("%3d",x-=2);
}while(!(--x));
```

A. 1　　B. 30　　C. 1 -2　　D. 死循环

16. 以下程序中,while 循环的循环次数是(　　)。

```
#include "stdio.h"
main( )
{ int  i=0;
while(i<10)
{ if(i<1)  continue;
if(i==5)  break;
        i++;}
......}
```

A. 1　　B. 10

C. 6　　D. 死循环,不能确定次数

17. 有以下程序:

```
#include "stdio.h"
main( )
{ int a=1,b;
for(b=1;b<=10;b++)
{ if(a>=8)break;
if(a%2==1)
{a+=5;continue;}
a-=3; }
printf("%d\n",b); }
```

程序运行后的输出结果是(　　)。

A. 3　　B. 4　　C. 5　　D. 6

18. 有以下程序:

```
#include "stdio.h"
main( )
{  int i;
for(i=0;i<3;i++)
switch(i)
  { case 1: printf("%d",i);
  case 2: printf("%d",i);
  default: printf("%d",i);  }
}
```

执行后输出结果是(　　)。

A. 011122　　B. 012　　C. 012020　　D. 120

19. 下面程序的输出是(　　)。

```
#include "stdio.h"
```

```
main()
{int y=9;
for(;y>0;y--)
{if(y%3==0)
{printf("%d",--y);continue;}}}
```

A. 741　　B. 852　　C. 963　　D. 875421

20. 若i,j已定义为int类型,则以下程序段中内循环体的总的执行次数是(　　)。

```
for (i=5;i;i--)
for(j=0;j<4;j++){...}
```

A. 20　　B. 25　　C. 24　　D. 30

21. 有以下程序:

```
#include "stdio.h"
main()
{ int x,i;
for(i=1;i<=50;i++)
{ x=i;
if(++x%2==0)
if(x%3==0)
if(x%7==0)
printf("%d",i);} }
```

输出结果是(　　)。

A. 28　　B. 27　　C. 42　　D. 41

22. 在执行以下程序时,如果从键盘上输入ABCdef<回车>,则输出(　　)。

```
#include <stdio.h>
main()
{ char ch;
while((ch=getchar())! ='\n')
{ if(ch>='A' && ch<='Z') ch=ch+32;
else if(ch>='a' && ch<='z') ch=ch-32;
printf("%c",ch);}
printf("\n");}
```

A. ABCdef　　B. abcDEF　　C. abc　　D. DEF

23. 执行以下程序段时(　　)。

```
x=-1;
do {x=x*x; } while(! x);
```

A. 循环体将执行一次　　B. 循环体将执行两次

C. 循环体将执行无限次　　D. 系统将提示有语法错误

24. 运行以下程序后，如果从键盘上输入 china#<回车>，则输出结果为(   )。

```
#include <stdio.h>
main()
{ int v1=0,v2=0;
char ch;
while((ch=getchar())! ='#')
switch(ch)
{ case 'a':
  case 'h':
  default: v1++;
  case '0': v2++;}
printf("%d,%d\n",v1,v2);}
```

A. 2,0　　B. 5,0　　C. 5,5　　D. 2,5

25. 以下程序的输出结果是(   )。

```
#include "stdio.h"
main( )
{ int i;
for(i=1;i<6;i++)
{ if(i%2) {printf("#");continue;}
printf(" * ");}
printf("\n");}
```

A. #**#*#　　B. #####　　C. *****　　D. *#*#*

26. 以下叙述正确的是 (   )。

A. do-while 语句构成的循环不能用其他语句构成的循环来代替

B. do-while 语句构成的循环只能用 break 语句退出

C. 用 do-while 语句构成的循环，在 while 后的表达式为非零时结束循环

D. 用 do-while 语句构成的循环，在 while 后的表达式为零时结束循环

27. 有以下程序：

```
#include "stdio.h"
main()
{ int i=0,s=0;
do{
if(i%2) {i++;continue;}
i++;
s +=i;
} while(i<7);
printf("%d\n",s);}
```

执行后输出结果是(   )。

A. 16　　B. 12　　C. 28　　D. 21

28. 有以下程序段：

```
int k=0;
while(k=1)k++;
```

其中 while 循环执行的次数是(　　)。

A. 无限次　　B. 有语法错误,不能执行

C. 一次也不执行　　D. 执行 1 次

29. 以下程序的输出结果是(　　)。

```
#include <stdio.h>
main()
{ int  i=0,a=0;
while(i<20)
{  for(;;)
{ if((i%10)==0)   break;
else           i--;}
i+=11;      a+=i;}
printf("%d\n",a);}
```

A. 21　　B. 32　　C. 33　　D. 11

30. 要求通过 while 循环不断读入字符,当读入字母 N 时结束循环。若变量已正确定义,以下正确的程序段是(　　)。

A. while((ch=getchar())!='N')printf("%c",ch);

B. while(ch=getchar()!='N')printf("%c",ch);

C. while(ch=getchar()=='N')printf("%c",ch);

D. while((ch=getchar())=='N')printf("%c",ch);

二、程序改错题

请纠正以下程序中的错误,以实现其相应的功能。

1. 要求实现功能为:当 x>0 时 y=x * 5,否则 y=x/5。

```
#include "stdio.h"
int main( )
{
  float x,y;
  scanf("%f",x);
  if(x>0)
      y=x * 5;
      printf("y=%f\n",y);
  else
      printf("y=%f\n",x/5);
}
```

2. 以下程序的功能为：从键盘上输入一个字符，判断该字符的类型。若该字符为数字，则直接输出；若该字符是字母，则输出其ASCII码值；若是其他字符，则输出“Others”。

```
#include "stdio.h"
int main( )
{
  char ch;
  printf("Input a character:\n");
  ch=purchar( );
  if(ch>='0'||ch<='9')
       printf("%c\n",ch);
  else if(ch>='A'&&ch<='Z'||ch>='a'&&ch<='z')
       printf("%d\n",ch);
  else
  printf("Others\n");
}
```

3. 逆序打印26个小写英文字母。

```
#include "stdio.h"
int main( )
{
  char x;
  x='z';
  while(x! ='a')
  {
       printf("%3c\n",x);
       x++;
  }
}
```

三、程序填空题

请根据程序功能要求补充完善程序，以实现其相应的功能。

1. 计算某年某月有几天。闰年的判断规则是：能被4整除但不能被100整除的年份是闰年，能被400整除的年份也是闰年。

```
#include "stdio.h"
int main( )
{
  int year,month,day;
  printf("Please input year,month:");
  scanf("%d%d",&year,&month);
  switch(month)
```

```
{
  case 1:  case 3:  case 5:  case 7:  case 8:  case 10:  case 12:
                                              //大月有31天
      ________
      break;
  case 4:  case 6:  case 9:  case 11:
      day=30;
      break;
  case 2:
      if(year%4==0&&year%100!=0||year%400==0)
        ________
      else
        ________
      break;
  default:
        printf("Iput Error!");
  }
  printf("days=%d\n",day);
}
```

2. 计算 1*3*5*…*15 的值。

```
#include "stdio.h"
int main( )
{
    int a=1,y=1;
    do
    {
        a=a+2;
        ________
    }
    while________
    printf("1*3*5*...*15=%d\n",y);
}
```

3. 用“辗转相除法”求两个正整数 m、n 的最大公约数。其步骤如下：

第 1 步,求出 m 被 n 除后的余数 r。

第 2 步,若余数 r 为 0 则执行步骤 6,否则执行步骤 3。

第 3 步,把除数作为新的被除数 m,把余数作为新的除数 n。

第 4 步,求出新的余数 r。

第 5 步,重复步骤 2~步骤 4。

第 6 步,输出最大公约数 n。

```
#include "stdio.h"
int main( )
{
  int m,n,r,t;
  printf("请输入两个正整数");
  scanf("%d%d",&m,&n);
  if(m<n)
  ______________
  r=m%n;
  while(r)
   {
      m=n;
      n=r;
      r=________
   }
  printf("%d\n",n);
}
```

四、程序编写题

请根据功能要求编写程序,并完成运行调试。

1. 从键盘输入三个整数,输出其中的最小值和最大值。

2. 从键盘上输入一个字符,如果是大字字母,则变成小字字母;如果是小字字母,则变成大写字母;而如果是其他字符,则不变。

3. 编程输出所有的“水仙花数”。所谓水仙花数,是指一个三位数,其各位数字的立方和等于该数本身,例如 $153=1^3+5^3+3^3$。

项目5 数组及应用

任务5.1 数值数组的应用

【任务目标】

从键盘上任意输入10个整数,然后按照从大到小的顺序输出。运行结果如图5-1所示。

```
Please input 10 numbers:
23  578  89  42  8  907  12  479  91  847
907  847  578  479  91  89  42  23  12  8
Press any key to continue
```

图5-1 任务5.1运行结果

【程序代码】

```
01  #include "stdio.h"
02  int main()
03  {
04      int i,j,p,q;
05      int a[10];
06      printf("Please input 10 numbers:\n");
07      for(i=0;i<10;i++)
08          scanf("%d",&a[i]);
09      for(i=0;i<9;i++)
10      {
11          p=i;
12          for(j=i+1;j<10;j++)
13              if(a[p]<a[j])
14                  p=j;
15          if(i!=p)
16          {
17              q=a[i];
18              a[i]=a[p];
```

```
19              a[p]=q;
20          }
21          printf("%d  ",a[i]);
22      }
23      printf("\n");
24  }
```

【简要说明】

第 05 行:定义一个一维数组 a,包含 10 个元素。

第 09 行:第二个 for 循环用于排序,本程序的排序采用逐个比较的方法进行。

第 11 行~第 14 行:在 i 次循环时,把第一个元素的下标 i 赋于 p,然后进入小循环,从 a[i+1]起到最后一个元素止逐个与 a[p]作比较,有大者则将其下标送 p。一次循环结束后,p 即为最大元素的下标。

第 15 行~第 20 行:若 i≠p,则交换 a[i]和 a[p]之值,此时 a[i]为已排序完毕的元素,输出该值之后转入下一次循环,对 i+1 以后各个元素排序。

【相关知识】

在程序设计中,为了处理方便,常常把具有相同类型的若干变量有序组织起来,这些按序排列的同类数据元素的集合称为数组。在 C 语言中,数组属于构造数据类型。一个数组可以分解为多个数组元素,这些数组元素可以是基本数据类型或是构造类型。因此,按数组元素的类型不同,数组又可分为数值数组、字符数组、指针数组、构造数组等各种类别。本项目重点介绍数值数组和字符数组。

5.1.1　一维数组

5.1.1.1　一维数组的定义

同普通变量的使用规则一样,在 C 语言中使用数组必须先进行定义。一维数组定义的一般形式为:

类型说明符 数组名[常量表达式];

其中的类型说明符可以是任意一种基本数据类型或构造数据类型,数组名是用户自由定义的标识符,方括号中的常量表达式表示数据元素的个数,也称为数组的长度。例如:

```
int a[10];              //定义整型数组 a,包含 10 个元素。
float b[10],c[20];      //定义实型数组 b、c,分别包含 10、20 个元素。
char ch[20];            //定义字符数组 ch,包含 20 个元素。
```

对于数组类型,应注意以下几点:

(1)数组的类型实际上是指数组元素的取值类型。对于同一个数组,其所有元素的数据类型都是相同的。

(2)数组名的命名应符合前述标识符的取名规则。

(3)数组名不能与其他变量名相同。

(4)方括号中常量表达式表示数组元素的个数,但是其下标从 0 开始计算。比如 a[5]表示数组 a 有 5 个元素,其元素分别为 a[0]、a[1]、a[2]、a[3]、a[4]。

(5)不能在方括号中用变量来表示元素的个数,但是可以是符号常量或常量表达式。

(6)允许在同一个类型说明中,定义多个数组和多个变量。比如:

```
int a,b,c,d,k1[10],k2[20];
```

5.1.1.2　一维数组元素的引用

数组元素是组成数组的基本单元。数组元素其实也是一种变量,其标识方法为数组名后跟一个下标,下标表示了元素在数组中的顺序号。数组元素引用的一般形式为:

数组名[下标]

其中,下标只能为整型常量或整型表达式,如为小数,程序编译时自动将其取整。例如 a[5]、a[i+j]、a[i++]都是合法的数组元素。

如上所述,数组元素通常也称为下标变量。同普通变量的使用类似,必须先定义数组,才能使用下标变量。在 C 语言中,只能逐个地使用下标变量,而不能一次引用整个数组。例如,输出有 10 个元素的数组 a 必须使用循环语句逐个输出各下标变量,语句段可以写作:

```
for(i=0; i<10; i++)
        printf("%d",a[i]);
```

不能用一个语句输出整个数组,直接使用“printf("%d",a);”输出数组的所有元素是错误的。

下面来看一个简单的数组元素输入输出的例子。

```
#include "stdio.h"
int main( )
{
    int i,a[10];
    for(i=0;i<=9;i++)
            a[i]=i;
    for(i=9;i>=0;i--)
            printf("%d ",a[i]);
}
```

上面的程序中,第一个循环用来赋值 10 个数组元素,第二个循环用来逆序输出 10 个数组元素,即输出的 10 个数据与赋值次序正好相反。

5.1.1.3　一维数组的初始化

给数组赋值的方法除上述在循环体中用赋值语句对数组元素逐个赋值外,还可采用初始化赋值的方法。数组初始化赋值是指在数组定义时给数组元素赋予初值,数组初始化是在编译阶段进行的,这样将减少运行时间,提高效率。初始化赋值的一般形式为:

类型说明符 数组名[常量表达式]={值1,值2,……,值n};

在{ }中的各数据值即为各元素的初值,各值之间用逗号间隔。例如:

```
int a[10]={ 0,1,2,3,4,5,6,7,8,9 };
```

相当于:a[0]=0; a[1]=1; …;a[9]=9;

对数组的初始化赋值,还需注意以下几点:

(1)可以只给部分元素赋初值。当{ }中值的个数少于元素个数时,则只给前面部分元素赋值。例如:

```
int a[10]={0,1,2,3,4};
```

表示只给前面的a[0]~a[4]共计5个元素赋值,而后面的5个元素将自动赋0值。

(2)只能给元素逐个赋值,不能给数组整体赋值。例如给十个元素全部赋1值,只能写为:

```
int a[10]={1,1,1,1,1,1,1,1,1,1};
```

而不能写为:int a[10]=1;

(3)如给全部元素赋值,则在数组说明中,可以不给出数组元素的个数。例如:

```
int a[5]={1,2,3,4,5};
```

可以写为:

```
int a[]={1,2,3,4,5};
```

当然,除初始化赋值外,也可以在程序执行过程中,对数组作动态赋值,这时可用循环语句配合scanf函数逐个对数组元素赋值。下面来看一个例子。

```
#include "stdio.h"
int main( )
{
    int i,max,a[10];
    printf("Please input 10 numbers:\n");
    for(i=0;i<10;i++)
        scanf("%d",&a[i]);
    max=a[0];
    for(i=1;i<10;i++)
        if(a[i]>max) max=a[i];
    printf("The max number is : %d\n",max);
}
```

上面是一个求最大值的程序。第一个for循环逐个输入10个数到数组a中,然后把a[0]送入max中。在第二个for循环中,从a[1]到a[9]逐个与max中的内容比较,若比max的值大,则把该下标变量送入max中,因此max总是在已比较过的下标变量中为最大者。比较结束之后,即可输出最大值。

5.1.2 二维数组

5.1.2.1 二维数组的定义

前面介绍的数组只有一个下标,称为一维数组,其数组元素也称为单下标变量。在实际中,有很多量是二维甚至是多维的,因此C语言允许构造多维数组。多维数组元素有多个下标,以标识它在数组中的位置,所以也称为多下标变量。本部分只介绍二维数组,多维数组可由二维数组类推而得到。二维数组定义的一般形式是:

类型说明符 数组名[常量表达式1][常量表达式2]

其中常量表达式1表示第一维下标的长度,常量表达式2表示第二维下标的长度。例如:

int a[3][4];

此处定义了一个三行四列的数组,数组名为a,其下标变量的类型为整型。该数组的下标变量共有3×4=12个,即:

a[0][0]　a[0][1]　a[0][2]　a[0][3]

a[1][0]　a[1][1]　a[1][2]　a[1][3]

a[2][0]　a[2][1]　a[2][2]　a[2][3]

二维数组在概念上是二维的,其下标在两个方向上变化,下标变量在数组中的位置也处于一个平面之中,而不是像一维数组只是一个向量。但是,实际的硬件存储器却是连续编址的,也就是说存储器单元是按一维线性排列的。在一维存储器中存放二维数组有两种方式:一种是按行排列,即放完一行之后顺次放入第二行;另一种是按列排列,即放完一列之后再依次放入第二列。

在C语言中,二维数组是按行排列的。即先存放a[0]行,再存放a[1]行,最后存放a[2]行。每行的四个元素也是依次存放的。

5.1.2.2 二维数组元素的引用

二维数组的元素也称为双下标变量,其引用的形式为:

数组名[下标1][下标2]

其中,两个下标均应为整型常量或整型表达式。例如,a[3][4]表示a数组三行四列的元素。

下标变量和数组说明在形式中有些相似,但这两者具有完全不同的含义。数组说明的方括号中给出的是某一维的长度,即可取下标的最大数目;而数组元素中的下标是该元素在数组中的位置标识。前者只能是常量,后者可以是常量、变量或表达式。

下面来看一个二维数组应用的例子。一个学习小组有5个人,每个人有3门课的考试成绩,求全组分科的平均成绩和各科总平均成绩。

此时,可设一个二维数组a[5][3]存放5个人3门课的成绩,再设一个一维数组v[3]存放各科平均成绩,设变量average为全组各科总平均成绩。编程如下:

```
#include "stdio.h"
int main( )
{
    int i,j,s=0,average;
```

```
    int v[3],a[5][3];
    printf("input score\n");
    for(i=0;i<3;i++)
    {
        for(j=0;j<5;j++)
        {
            scanf("%d",&a[j][i]);
            s=s+a[j][i];
        }
        v[i]=s/5;
        s=0;
    }
    average =(v[0]+v[1]+v[2])/3;
    printf("math:%d\nC language:%d\ndbase:%d\n",v[0],v[1],v[2]);
    printf("total:%d\n", average );
}
```

程序编写中,采用了一个双重循环结构。在内循环中,依次读入某一门课程的各个学生的成绩,并把这些成绩累加起来。退出内循环后,再把该累加成绩除以 5 送入 v[i]之中,这就是该门课程的平均成绩。外循环共循环 3 次,分别求出 3 门课各自的平均成绩并存放在数组 v 中。退出外循环之后,把 v[0]、v[1]、v[2]相加再除以 3 即得到各科总平均成绩。

5.1.2.3　二维数组的初始化

二维数组初始化也是在数组定义时给各下标变量赋以初值。二维数组可按行分段赋值,也可按行连续赋值。例如,对数组 a[5][3]按行分段赋值可写为:

```
int a[5][3]={ {80,75,92},{61,65,71},{59,63,70},{85,87,90},{76,77,85} };
```

而按行连续赋值可写为:

```
int a[5][3]={ 80,75,92,61,65,71,59,63,70,85,87,90,76,77,85};
```

这两种赋初值的结果是完全相同的。

对于二维数组初始化赋值,还有以下几点需要说明:

(1)可以只对部分元素赋初值,未赋初值的元素自动取 0 值。例如:

```
int a[3][3]={{1},{2},{3}};
```

是对每一行的第一列元素赋值,未赋值的元素为 0。

(2)如对全部元素赋初值,则第一维的长度可以不给出。例如:

```
int a[3][3]={1,2,3,4,5,6,7,8,9};
```

可以写为:

```
int a[][3]={1,2,3,4,5,6,7,8,9};
```

(3)数组是一种构造类型的数据。二维数组可以看作是由一维数组的嵌套而构成的,设一维数组的每个元素都又是一个数组,就组成了二维数组。当然,前提是各元素类型必须相同。根据这样的分析,一个二维数组也可以分解为多个一维数组。C 语言允许这种分解。比如,二维数组 a[3][4]可分解为三个一维数组,其数组名分别为:a[0]、a[1]、a[2],对这三个一维数组不需另作说明即可使用。这三个一维数组都有 4 个元素,例如一维数组 a[0]的元素为 a[0][0]、a[0][1]、a[0][2]、a[0][3]。但必须强调的是,a[0]、a[1]、a[2]不能当作下标变量使用,它们是数组名,不再是一个单纯的下标变量。

下面来看一个二维数组简单应用的例子。在二维数组 a 中选出各行最大的元素,组成一个一维数组 b。本例的编程思路是,在数组 a 的每一行中寻找最大的元素,找到之后把该值赋予数组 b 相应的元素即可。程序如下:

```
#include "stdio.h"
int main()
{
      int a[][4]={3,16,87,65,4,32,11,108,10,25,12,27};
      int b[3],i,j,k;
      for(i=0;i<=2;i++)
      {
            k=a[i][0];
            for(j=1;j<=3;j++)
                if(a[i][j]>k)
                    k=a[i][j];
            b[i]=k;
      }
      printf("\narray a:\n");
      for(i=0;i<=2;i++)
      {
            for(j=0;j<=3;j++)
                  printf("%5d",a[i][j]);
            printf("\n");
      }
      printf("\narray b:\n");
      for(i=0;i<=2;i++)
            printf("%5d",b[i]);
      printf("\n");
}
```

程序中采用了双重循环结构。外循环控制逐行处理,并把每行的第 0 列元素赋予 k。进入内循环后,把 k 与后面各列元素比较,并把比 k 大者赋予 k。内循环结束时,k 即为该行最大的元素,然后把 k 值赋予 b[i]。等外循环全部完成时,数组 b 中已装入了 a 各行中的最大值。后面的两个 for 循环语句分别用于输出数组 a 和数组 b。

任务 5.2　字符数组的应用

【任务目标】

从键盘输入一行字符,将其中所有字母替换为字母表中其后的第三个字母,即 a 替换为 d,b 替换为 e,c 替换为 f,……,x、y、z 分别替换为 a、b、c,然后输出。运行结果如图 5-2 所示。

```
请输入大小写字母序列:
ASD1687fghWRTDT9787cbvm
DVG1687ikjkCUWGW9787febp
Press any key to continue
```

图 5-2　任务 5.2 运行结果

【程序代码】

```
01  #include "stdio.h"
02  int main( )
03  {
04        char str[80],i=0;
05        printf("请输入大小写字母序列:");
06        while((str[i]=getchar( ))!='\n')
07            i++;
08        for(i=0;str[i]!='\n';i++)
09        {
10            if(str[i]<='w'&& str[i]>='a')
11                str[i]=str[i]+3;
12            if(str[i]<='z'&& str[i]>='x')
13                str[i]=str[i]-23;
14            if(str[i]<='W'&& str[i]>='A')
15                str[i]=str[i]+3;
16            if(str[i]<='Z'&& str[i]>='X')
17                str[i]=str[i]-23;
18        }
19        for(i=0;str[i]!='\n';i++)
20            printf("%c",str[i]);
21        printf("\n");
22  }
```

【简要说明】

第 06 行:输入字符序列,当输入为回车符时结束。

第 10 行~第 13 行:小写字母处理。

第14行~第17行:大写字母处理。

第19行~第20行:处理之后的字符串输出。

【相关知识】

5.2.1 字符数组

5.2.1.1 字符数组的定义

用来存放字符量的数组称为字符数组。其定义方式与前面介绍的数值数组类似,只是将类型说明符更换为char即可。例如:

```
char c[10];
```

字符数组也可以是二维或多维数组。例如:

```
char c[5][10];
```

即为二维字符数组。

5.2.1.2 字符数组的初始化

字符数组也允许在定义时作初始化赋值。例如:

```
char c[10]={'c', ' ', 'p', 'r', 'o', 'g', 'r', 'a', 'm'};
```

赋值后,c[0]的值为'c',c[1]的值为' '(空格),c[8]的值为'm',而c[9]未赋初值,将由系统自动赋予0值。

当对全体元素赋初值时,也可以省去长度说明。例如:

```
char c[]={'c', ' ', 'p', 'r', 'o', 'g','r','a', 'm'};
```

这时数组c的长度自动设定为9。

5.2.1.3 字符数组的引用

字符数组的引用规则同数值数组的类似,来看下面的例子。

```
#include "stdio.h"
int main()
{
    int i,j;
    char a[][5]={{'B','A','S','I','C',},{'d','B','A','S','E'}};
    for(i=0;i<=1;i++)
    {
        for(j=0;j<=4;j++)
            printf("%c",a[i][j]);
        printf("\n");
    }
}
```

本例的二维字符数组由于在初始化时全部元素都赋以初值,因此一维下标的长度可以不作说明。

5.2.1.4 字符串和字符数组

在C语言中没有专门的字符串变量,通常用一个字符数组来存放一个字符串。前面介绍字符串常量时,已说明字符串总是以'\0'作为串的结束符。因此,当把一个字符串存入字符数组时,也把结束符'\0'存入数组,并以此作为该字符串是否结束的标志。有了'\0'标志后,就不必再用字符数组的长度来判断字符串的长度了。

C语言中,允许用字符串的方式对数组作初始化赋值。例如:

```
char c[ ] = {'c', ' ','p','r','o','g','r','a','m'};
```

可以写为:

```
char c[ ] = {"C program"};
```

其中的{}也可以去掉,直接写为:

```
char c[ ] = "C program";
```

需要注意的是,用字符串方式赋值,比用字符逐个赋值要多占一个字节,用于存放字符串结束标志'\0',其中'\0'是由C编译系统自动加上的。由于采用了'\0'标志,所以在用字符串赋初值时一般无须指定数组的长度,而由系统自行处理。

在采用字符串方式后,字符数组的输入、输出将变得简单方便。除上述用字符串赋初值的办法外,还可用printf函数和scanf函数一次性输出、输入一个字符数组中的字符串,而不必使用循环语句逐个地输入、输出每个字符。例如:

```
char c[ ] = "BASIC\ndBASE";
printf("%s\n",c);
```

特别要注意的是,在上例的printf函数中,使用的格式字符串为“%s”,表示输出的是一个字符串,所以在输出表列中给出数组名即可,绝对不能写为“printf("%s",c[ ]);”。

下面再来看一个字符串输入的例子。

```
#include "stdio.h"
int main( )
{
    char st[15];
    printf("input string:\n");
    scanf("%s",st);
    printf("%s\n",st);
}
```

本例中,由于定义数组长度为15,因此输入的字符串长度必须小于15,以留出一个字节用于存放字符串结束标志'\0'。应该说明的是,对一个字符数组,如果不作初始化赋值,则必须说明数组长度。还应该特别注意的是,当用scanf函数输入数据时,把空格作为间隔符对待。因此,在输入字符串时,字符串中不能含有空格,否则将以空格作为串的结束符。

为了避免这种情况,可多设几个字符数组分段存放含空格的串。上面的程序可改写如下:

```
#include "stdio.h"
int main()
{
    char st1[6],st2[6],st3[6],st4[6];
    printf("input string:\n");
    scanf("%s%s%s%s",st1,st2,st3,st4);
    printf("%s %s %s %s\n",st1,st2,st3,st4);
}
```

本程序分别设了四个数组,输入的一行字符被空格分段,分别装入四个数组。然后分别输出这四个数组中的字符串。

另外,还需要说明的是,scanf 函数的各输入项必须以地址方式出现,如 &a、&b 等。但在前例中却是以数组名方式出现的,这是由于在 C 语言中规定,数组名就代表了该数组的首地址,整个数组是以首地址开头的一块连续的内存单元。向数组 c 输入字符串直接写作 scanf("%s",c)即可,而在执行函数 printf("%s",c) 时,按数组名 c 找到首地址,然后逐个输出数组中各个字符,直到字符串终止标志'\0'为止。

5.2.2 字符串处理函数

为方便处理字符串,C 语言提供了丰富的字符串处理函数,大致可分为字符串的输入、输出、合并、修改、比较、转换、复制、搜索等几类,使用这些函数可大大减轻编程的负担。用于输入、输出的字符串函数,在使用前应包含头文件"stdio.h",使用其他字符串处理函数则应包含头文件"string.h"。下面介绍几个最常用的字符串处理函数。

5.2.2.1 字符串输出函数 puts

格式:puts (字符数组名)

功能:把字符数组中的字符串输出到显示器,即在屏幕上显示该字符串。例如:

```
#include "stdio.h"
int main()
{
    char c[]="BASIC\ndBASE";
    puts(c);
}
```

从程序中可以看出,puts 函数中可以使用转义字符,因此输出结果成为两行。puts 函数完全可以由 printf 函数取代,当需要按一定格式输出时,通常使用 printf 函数。

5.2.2.2 字符串输入函数 gets

格式:gets (字符数组名)

功能:从标准输入设备键盘上输入一个字符串。例如:

```
#include "stdio.h"
int main()
{
```

```
    char st[15];
    printf("input string:\n");
    gets(st);
    puts(st);
}
```

上例运行时,当输入的字符串中含有空格时,输出仍为全部字符串。说明 gets 函数并不以空格作为字符串输入结束的标志,而只以回车作为输入结束,这与 scanf 函数是不同的。

5.2.2.3 字符串连接函数 strcat

格式:strcat (字符数组 1, 字符数组 2)

功能:把字符数组 2 中的字符串连接到字符数组 1 中字符串的后面,并删去字符串 1 最后的结束标志'\0'。例如:

```
#include "stdio.h"
#include "string.h"
int main()
{
    static char st1[30]="My name is ";
    char st2[10];
    printf("input your name:\n");
    gets(st2);
    strcat(st1,st2);
    puts(st1);
}
```

本程序把初始化赋值的字符数组与动态赋值的字符串连接起来。要注意的是,字符数组 1 应定义足够的长度,否则不能全部装入被连接的字符串。

5.2.2.4 字符串拷贝函数 strcpy

格式:strcpy (字符数组 1,字符数组 2)

功能:把字符数组 2 中的字符串拷贝到字符数组 1 中,字符串结束标志'\0'也一同拷贝。其中,字符数组 2 也可以是一个字符串常量,这时相当于把一个字符串赋予一个字符数组。例如:

```
#include "stdio.h"
#include "string.h"
int main()
{
    char st1[15],st2[]="C Language";
    strcpy(st1,st2);
    puts(st1);
    printf("\n");
```

```
}
```

同样,本函数要求字符数组 1 应有足够的长度,否则不能全部装入所拷贝的字符串。

5.2.2.5 字符串比较函数 strcmp

格式:strcmp(字符数组 1,字符数组 2)

功能:按照 ASCII 码顺序比较两个数组中的字符串,并由函数返回值返回比较结果。

字符串 1=字符串 2,返回值=0;

字符串 1>字符串 2,返回值>0;

字符串 1<字符串 2,返回值<0。

本函数也可用于比较两个字符串常量,或比较字符数组和字符串常量。例如:

```
#include "stdio.h"
#include "string.h"
int main()
{
    int k;
    static char st1[15],st2[]="C Language";
    printf("input a string:\n");
    gets(st1);
    k=strcmp(st1,st2);
    if(k==0)
        printf("st1=st2\n");
    if(k>0)
        printf("st1>st2\n");
    if(k<0)
        printf("st1<st2\n");
}
```

本程序中,把输入的字符串和字符数组 st2 中的串比较,比较结果返回到 k 中,根据 k 值再输出结果提示串。

5.2.2.6 测字符串长度函数 strlen

格式:strlen(字符数组名)

功能:测字符串的实际长度(不含字符串结束标志'\0'),并作为函数返回值。例如:

```
#include "stdio.h"
#include "string.h"
int main()
{
    int k;
    static char st[]="C language";
    k=strlen(st);
    printf("The lenth of the string is %d\n",k);
```

}

下面来看一个字符数组应用的例子。程序要求是输入 5 个国家的名称,然后按字母顺序排列输出。编程思路如下:5 个国家名应由 1 个二维字符数组来处理,然而 C 语言规定可以把 1 个二维数组当成多个一维数组处理,因此又可以按 5 个一维数组处理,而每个一维数组就是一个国家名字符串。用字符串比较函数比较各一维数组的大小并排序,最后输出结果即可。

参考程序代码如下:

```
#include "stdio.h"
#include "string.h"
int main()
{
    char st[20],cs[5][20];
    int i,j,p;
    printf("input country's name:\n");
    for(i=0;i<5;i++)
      gets(cs[i]);
    printf("\n");
    for(i=0;i<5;i++)
    {
        p=i;
        strcpy(st,cs[i]);
        for(j=i+1;j<5;j++)
          if(strcmp(cs[j],st)<0)
          {
              p=j;
              strcpy(st,cs[j]);
          }
        if(p!=i)
        {
            strcpy(st,cs[i]);
            strcpy(cs[i],cs[p]);
            strcpy(cs[p],st);
        }
        puts(cs[i]);
    }
    printf("\n");
}
```

本程序的第一个 for 语句中,用 gets 函数输入 5 个国家名字符串。C 语言允许把一个二维数组按多个一维数组处理,本程序说明 cs[5][20]为二维字符数组,包括5个一维数组 cs[0]、cs[1]、cs[2]、cs[3]和 cs[4],因此在 gets 函数中使用 cs[i]是合法的。在第二个 for 语句中又嵌套了一个 for 语句组成双重循环,这个双重循环完成按字母顺序排序的工作。在外层循环中把字符数组 cs[i]中的国名字符串拷贝到数组 st 中,并把下标 i 赋予 p。进入内层循环后,把 st 与 cs[i]以后的各字符串作比较,若有比 st 小者则把该字符串拷贝到 st 中,并把其下标赋予 p。内循环完成后,如 p 不等于 i,说明有比 cs[i]更小的字符串出现,因此交换 cs[i]和 st 的内容。至此已确定了数组 cs 的第 i 号元素的排序值,然后输出该字符串。在外循环全部完成之后,即完成全部排序和输出。

总结点拨

本项目介绍了数组的定义、引用、初始化等基本概念,分析了常用的数值数组、字符数组的应用方法,对常见的字符串处理函数也做了简要介绍,以方便大家使用。

定义数组的目的是处理相同类型的批量数据。引入数组后,变量的定义、引用要方便许多,可以将批量数据的处理放在循环程序之中,通过改变下标依次访问所有变量。

课后提升

一、单项选择题

1. 下列对C语言字符数组的描述中错误的是(　　)。

A. 字符数组可以存放字符串

B. 字符数组中的字符串可以整体输入、输出

C. 可以在赋值语句中通过赋值运算符“=”对字符数组整体赋值

D. 不可以用关系运算符对字符数组中的字符串进行比较

2. 如有定义语句“int b;　char c[10];”,则正确的输入语句是(　　)。

A. scanf("%d%s",&b,&c);　　B. scanf("%d%s",&b, c);

C. scanf("%d%s",b, c);　　D. scanf("%d%s",b,&c);

3. 不能把字符串“Hello!”赋给数组 b 的语句是(　　)。

A. char b[10]={'H','e','l','l','o','!'};　B. char b[10];b="Hello!";

C. char b[10];strcpy(b,"Hello!");　D. char b[10]="Hello!";

4. 若有以下说明:

```
int a[12]={1,2,3,4,5,6,7,8,9,10,11,12};
char c='a',d,g;
```

则数值为4的表达式是(　)。

A. a[g-c]　　B. a[4]　　C. a['d'-'c']　　D. a['d'-c]

5. 以下程序段的输出结果是(　　)。

```
int i, x[3][3]={1,2,3,4,5,6,7,8,9};
for(i=0;i<3;i++) printf("%d,",x[i][2-i]);
```

A. 1,5,9,　　B. 1,4,7,　　C. 3,5,7,　　D. 3,6,9,

6. 函数调用:strcat(strcpy(str1,str2),str3)的功能是(　　)。

A. 将串 str1 复制到串 str2 中后再连接到串 str3 之后

B. 将串 str1 连接到串 str2 之后再复制到串 str3 之后

C. 将串 str2 复制到串 str1 中后再将串 str3 连接到串 str1 之后

D. 将串 str2 连接到串 str1 之后再将串 str1 复制到串 str3 中

7. 给出以下定义:

```
char x[ ] = "abcdefg";
char y[ ] = {'a','b','c','d','e','f','g'};
```

则正确的叙述为(　　)。

A. 数组 x 和数组 y 等价　　B. 数组 x 和数组 y 的长度相同

C. 数组 x 的长度大于数组 y 的长度　　D. 数组 x 的长度小于数组 y 的长度

8. 下列描述中不正确的是(　　)。

A. 字符型数据最终以 ASCII 码值存储

B. 字符型数组可用字符串方式整体输入、输出

C. 数组元素引用时下标不能使用变量

D. 可在赋值语句中对字符型数组进行整体赋值

9. 执行下面的程序段后,变量 k 中的值为(　　)。

```
int k=3, s[2]; s[0]=k; k=s[1] * 10;
```

A. 不定值　　B. 33　　C. 30　　D. 10

10. 设有数组定义: char array [ ] = "China"; 则数组 array 所占的空间为(　　)。

A. 4 个字节　　B. 5 个字节　　C. 6 个字节　　D. 7 个字节

11. 下列程序执行后的输出结果是(　　)。

```
#include "stdio.h"
main()
{ char arr[2][4];
strcpy(arr,"you"); strcpy(arr[1],"me");
arr[0][3]='&';
printf("%s \n",arr); }
```

A. you&me　　B. you　　C. me　　D. err

12. 当执行下面的程序时,如果输入 ABC,则输出结果是(　　)。

```
#include "stdio.h"
#include "string.h"
main()
{ char ss[10]="1,2,3,4,5";
gets(ss); strcat(ss, "6789"); printf("%s\n",ss); }
```

A. ABC6789　　B. ABC67

C. 12345ABC6　　　　　　　　　D. ABC456789

13. 以下程序的输出结果是（　　）。

```
#include "stdio.h"
main()
{ int i, a[10];
for(i=9;i>=0;i--) a[i]=10-i;
printf("%d%d%d",a[2],a[5],a[8]); }
```

A. 258　　　B. 741　　　C. 852　　　D. 369

14. 已有定义:char a[]="xyz",b[]={'x','y','z'};,以下叙述中正确的是(　　)。

A. 数组 a 和 b 的长度相同　　　　B. a 数组长度小于 b 数组长度

C. a 数组长度大于 b 数组长度　　　D. 上述说法都不对

15. 以下程序的输出结果是(　　)。

```
#include "stdio.h"
main()
{ char cf[3][5]={"AAAA","BBB","CC"};
printf("\"%s\"\n",cf[1]); }
```

A. "AAAA"　　　B. "BBB"　　　C. "BBBCC"　　　D. "CC"

16. 以下程序的输出结果是(　　)。

```
#include "stdio.h"
main()
{   int   b[3][3]={0,1,2,0,1,2,0,1,2},i,j,t=1;
for(i=0;i<3;i++)
for(j=i;j<=i;j++) t=t+b[j][j];
printf("%d\n",t); }
```

A. 3　　　B. 4　　　C. 1　　　D. 9

17. 有以下程序

```
#include "stdio.h"
main()
{ int p[7]={11,13,14,15,16,17,18},i=0,k=0;
while(i<7&&p[i]%2){k=k+p[i];i++;}
printf("%d\n",k);  }
```

执行后输出结果是(　　)。

A. 58　　　B. 56　　　C. 45　　　D. 24

18. 以下能正确定义一维数组的选项是(　　)。

A. int a[5]={0,1,2,3,4,5};　　　　B. char a[]={0,1,2,3,4,5};

C. char a={'A','B','C'};　　　　D. int a[5]="0123";

19. 有以下程序

```
#include <stdio.h>
main()
{ char p[]={'a', 'b', 'c'}, q[10]={'a', 'b', 'c'};
printf("%d %d\n", strlen(p), strlen(q)); }
```

以下叙述中正确的是(　　)。

A. 在给 p 和 q 数组置初值时,系统会自动添加字符串结束符,故输出的长度都为 3

B. 由于 p 数组中没有字符串结束符,长度不能确定;但 q 数组中字符串长度为 3

C. 由于 q 数组中没有字符串结束符,长度不能确定;但 p 数组中字符串长度为 3

D. 由于 p 和 q 数组中都没有字符串结束符,故长度都不能确定

20. 若有定义语句:int a[3][6]; ,按在内存中存放顺序,a 数组第 10 个元素是(　　)。

A. a[0][4]　　B. a[1][3]　　C. a[0][3]　　D. a[1][4]

二、程序改错题

请纠正以下程序中的错误,以实现其相应的功能。

1. 要求实现功能为:从键盘输入 3 个整数放到一维数组 a 中,经过计算后输出到第一个数组元素。

```
#include "stdio.h"
int main( )
{
    int a[3]={3*0}
    int i;
    for(i=0;i<3;i++)
        scanf("%d",a[i]);
    for(i=1;i<3;i++)
        a[0]=a[0]+a[i];
    printf("%d\n",a);
}
```

2. 以下程序的功能为:将数组中的元素逆序重新存放。

```
#include "stdio.h"
int main( )
{
    int N=6,i,temp;
    int a[N]={2,4,1,6,8,5};
    for(i=0;i<N;i++)
        printf("%4d\n",a[i]);
    for(i=0;i<N;i++)
    {
```

```
            temp=a[N-i-1];
            a[N-i-1]=a[i];
            a[i]=temp;
        }
    printf("\n");
    for(i=0;i<N;i++)
        printf("%4d",a[i]);
}
```

三、程序填空题

请根据程序功能要求补充完善程序,以实现其相应的功能。

1. 将字符串s中的每个字符按升序规律插入到已排序的字符串a中。

```
#include "stdio.h"
int main( )
{
    char a[20]="cehiknqtw";
    char s[ ]="fbla";
    int i,j,k;
    for(k=0;s[k]! ='\0';______)
    {
        j=0;
        while(s[k]>=a[j]&&a[j]! =0)
            j++;
        for(________)
            _______;
        a[j]=s[k];
    }
    puts(a);
}
```

2. 求3个字符串(均不超过20个元素)中的最大者。

```
#include "stdio.h"
#include"string.h"
int main( )
{
    char string[20],str[3][20];
    int i;
    for(i=0;i<3;i++)
        gets(str[i]);
    if(______)
```

```
        strcpy(string,str[0]);
    else
        strcpy(string,str[1]);
    if(______)
        strcpy(string,str[2]);
    puts(string);
}
```

四、程序编写题

请根据功能要求编写程序,并完成运行调试。

1. 从键盘输入20个整数,存放在数组中,输出其中的最大值,并指出其所在位置。
2. 从键盘上输入一个字符串存放在字符数组中,然后将所有字符按降序排列。
3. 手动输入一个5*5矩阵,求其上三角各元素之和。

项目6　函数及应用

任务6.1　函数的基本应用

【任务目标】

编写一个专门计算阶乘的函数，从键盘上输入整数 n，通过调用阶乘计算函数，求1！+2！+3！+…+n！的值。运行结果如图6-1所示。

```
请输入n的值为：10
1!+2!+…+10!的值为：4037914
Press any key to continue
```

图6-1　任务6.1运行结果

【程序代码】

```
01  #include "stdio.h"
02  #include "stdlib.h"
03  long  f(int x)
04  {
05        int  i ;
06        long  s ;
07        s=1 ;
08        for(i=1;i<=x;i++)
09              s=s*i ;
10        return  s ;
11  }
12  int main( )
13  {
14        long  s ;
15        int  k , n ;
16        printf("请输入 n 的值为:");
17        scanf("%d",&n) ;
18        s=0 ;
19        for (k=1;k<=n;k++)
20              s=s+f(k) ;
21        printf("1! +2! +…+%d! 的值为:%ld\n",n,s) ;
22  }
```

【简要说明】

第 02 行:因为程序中用到长整型数据的计算,必须包含 stdlib. h 头文件。

第 03 行:自定义函数 f,返回值为长整型,用来实现 n! 计算。

第 10 行:函数调用之后的返回值。

第 20 行:调用自定义函数,返回值直接与 s 相加。

【相关知识】

6.1.1 函数概述

6.1.1.1 函数化语言

在前面已经介绍过,C 语言源程序是由函数组成的,C 语言中的函数相当于其他高级语言的子程序。前面各例的程序中大都只有一个主函数 main,但实用程序往往是由多个函数组成的。函数是 C 程序的基本模块,通过对函数模块的调用实现特定的功能。C 语言不仅提供了极为丰富的库函数,还允许用户建立自己定义的函数。用户可把自己的算法编成一个个相对独立的函数模块,然后用调用的方法来使用这些函数模块。可以说,C 程序的全部工作都是由各式各样的函数完成的,所以也有人把 C 语言称为函数化语言。由于采用了函数模块式的结构,C 语言易于实现结构化程序设计,同时使得程序的层次清晰,便于编写、阅读、调试。

6.1.1.2 函数的分类

函数的分类标准很多,不同的标准有不同的分类结果。

(1)从函数定义的角度看,函数可分为库函数和用户定义函数两种。

库函数:由 C 系统提供,用户无须定义,也不必在程序中作类型说明,只需在程序前包含有该函数原型的头文件,即可在程序中直接调用。在前面各项目例题中反复用到的 printf、scanf 函数均属于此类。

用户定义函数:由用户按需要定义的函数。对于用户自定义函数,不仅要在程序中定义函数本身,而且在主调函数模块中还必须对该被调函数进行类型说明,然后才能使用。

(2)根据函数的返回值,函数可分为有返回值函数和无返回值函数两种。

有返回值函数:此类函数被调用执行完成后,将向调用者返回一个执行结果,称为函数返回值。在标准库函数中,绝大部分数学函数即属于此类函数。由用户定义的有返回值函数,必须在函数定义和函数说明中明确返回值的类型。

无返回值函数:此类函数用于完成某项特定的处理任务,执行完成后不向调用者返回函数值。这类函数类似于其他语言的过程。由于函数无须返回值,用户在定义此类函数时可指定它的返回为“空类型”,空类型的说明符为“void”。

(3)根据调用函数时是否传递参数,函数可分为无参函数和有参函数两种。

无参函数:函数定义、函数说明及函数调用中均不带参数,主调函数和被调函数之间不进行参数传送。此类函数通常用来完成一组指定的功能,可以返回,也可以不返回函数值。

有参函数:也称为带参函数。在函数定义及函数说明时都有参数,称为形式参数(简称为形参)。在函数调用时,也必须给出参数,称为实际参数(简称为实参)。进行函数调用时,主调函数将把实参的值传递给形参,供被调函数使用。

6.1.1.3 函数之间的关系

在C语言中,包括主函数main在内的所有函数都是平行的。也就是说,在一个函数的函数体内,不能再定义另一个函数,即不能嵌套定义。但是,函数之间允许相互调用,即允许嵌套调用。函数还可以自己调用自己,称为递归调用。

main函数被称为主函数,是因为它可以调用其他函数,而不允许被其他函数调用。因此,C程序的执行总是从main函数开始,完成对其他函数的调用后再返回到main函数,最后由main函数结束整个程序。前已提及,一个C语言源程序必须有且只能有一个主函数main。

6.1.2 函数的定义

有参函数与无参函数的定义略有区别。

(1)无参函数的定义。其一般形式如下:

```
类型标识符 函数名()
{
    声明部分
    语句部分
}
```

前面的类型标识符和函数名称部分称为函数首部(或称函数头)。类型标识符指明了本函数的类型,函数的类型就是函数返回值的类型。该类型标识符与前面介绍的各种变量类型说明符相同,若无返回值,则应声明为空类型"void"。函数名是由用户定义的标识符,函数名后有一个空括号(),其中无参数,但括号()不可省略。

后面{}中的内容称为函数体。在声明部分,主要用来对函数体内部所用到的变量或者调用函数的类型进行说明。在语句部分,书写本函数主要完成的操作。

比如,可以定义如下的函数:

```
void Hello()
{
    printf ("Hello,world! \n");
}
```

上例中,Hello函数是一个无参函数,也没有返回值。当被其他函数调用时,只是输出Hello world字符串。另外,该函数体中没有用到任何其他变量,也就不需要进行变量的声明。

(2)有参函数的定义。其一般形式如下:

```
类型标识符 函数名(形式参数表列)
{
    声明部分
    语句部分
```

```
}
```

有参函数比无参函数多了一个内容,即形式参数表列。形式参数可以是各种类型的变量,各参数之间用逗号间隔。在进行函数调用时,主调函数将赋予这些形式参数实际的值。形参既然是变量,必须在形参表中给出形参的类型说明。

例如,定义一个函数,用来求两个数中的较大数,可以定义如下:

```
int max(int a, int b)
{
    int c;
    if (a>b)
        c=a;
    else
        c=b;
    return c;
}
```

从函数头部分可以看到,max 函数是一个整型函数,其返回的函数值是一个整数。形参有两个,a、b 均为整型变量,a、b 的具体值将由主调函数在调用时传送过来。在{}中的函数体内,首先声明一个整型变量 c,后面的语句中会用到。在语句部分,先利用选择结构找出 a、b 的较大值,然后通过 return 语句把函数的值(c 的值)返回给主调函数。关于函数的返回值问题后续还要讨论。

在 C 程序中,一个函数的定义可以放在任意位置,既可放在主函数 main 之前,也可放在主函数main 之后。下面看一个完整的例子。

```
#include "stdio.h"
int main( )
{
    int max(int a,int b);
    int x,y,z;
    printf("input two numbers:\n");
    scanf("%d%d",&x,&y);
    z=max(x,y);
    printf("max number is %d",z);
}
int max(int a,int b)
{
    if(a>b)
        return a;
    else
        return b;
}
```

本程序中,先是主函数 main 的定义,再是用户定义函数 max 的定义。程序执行时,首先进入主函数 main。因为准备调用 max 函数,故先对 max 函数进行说明。需要说明的是,函数定义和函数说明并不是一回事,函数说明与函数定义中的函数头部分相同,但是末尾要加分号,后面还要专门讨论。键盘输入两个整数后,调用 max 函数,并把 x、y 的值传送给 max 的形参 a、b。接着进入 max 函数,max 函数执行的结果(a 或 b 的值)将通过 return 语句返回,并赋值给变量 z。最后,由主函数 main 输出 z 的值。

6.1.3 函数的参数和返回值

6.1.3.1 形式参数和实际参数

前面已经介绍过,函数的参数分为形参和实参两种。形参出现在函数定义中,在整个函数体内都可以使用,离开该函数则不能使用。实参出现在主调函数中,进入被调函数后,实参变量也不能使用。形参和实参的功能是进行两个函数之间的数据传递,发生函数调用时,主调函数把实参的值传送给被调函数的形参,从而实现主调函数向被调函数的数据传送。

对于函数的形参和实参,需要注意以下几点。

(1)形参变量只有在被调用时才分配内存单元,在调用结束时,即刻释放所分配的内存单元。因此,形参只在函数内部有效。函数调用结束返回主调函数后,不能再使用该形参变量。

(2)实参可以是常量、变量、表达式、函数等,无论实参是何种类型的量,在进行函数调用时,它们都必须具有确定的值,以便把这些值传送给形参。因此,应预先用赋值、输入等办法使实参获得确定值。

(3)实参和形参在数量、类型、顺序上应严格一致,否则会发生类型不匹配的错误。

(4)函数调用中发生的数据传送是单向的,即只能把实参的值传送给形参,而不能把形参的值反向地传送给实参。因此,在函数调用过程中,形参的值发生改变,而实参中的值不会变化。来看下面这个例子。

```
#include "stdio.h"
int s(int n)
{
    int i;
    for(i=n-1;i>=1;i--)
        n=n+i;
    printf("n=%d\n",n);
    return n;
}
int main()
{
    int n,sum;
    printf("input number\n");
```

```
        scanf("%d",&n);
        sum=s(n);
        printf("n=%d\n",n);
    }
```

本程序中定义了一个函数 s,该函数的功能是求 1 到 n 的和。在主函数中输入 n 值,并作为实参,在调用时传送给 s 函数的形参 n(形参变量和实参变量的标识符都为 n,却是两个不同的量,因为各自的作用域不同)。在主函数中用 printf 函数输出一次 n 值,这个 n 值是实参 n 的值。在函数 s 中也用 printf 函数输出了一次 n 值,这个 n 值是形参最后计算取得的 5050。从运行情况看,输入 n 值为 100,即实参 n 的值为 100。把此值传给函数 s 时,形参 n 的初值也为 100,在执行函数 s 过程中,形参 n 的值变为 5050。返回主函数之后,输出实参 n 的值仍为原来的 100。可见,实参的值不随形参的变化而变化。

6.1.3.2 函数的返回值

函数的返回值是指函数被调用之后,执行函数体中的程序段所取得的并返回给主调函数的值。关于函数的返回值,需要注意以下几点。

(1)函数的值只能通过 return 语句返回主调函数。return 语句的一般形式为:

```
return 表达式;
```

或者为:

```
return (表达式);
```

该语句的功能是计算表达式的值,并返回给主调函数。在函数中允许有多个 return 语句,但每次调用只能有一个 return 语句被执行(执行任意一个 return 语句后,均立即返回主调函数),因此只能返回一个函数值。

(2)函数返回值的类型和函数定义中函数的类型应保持一致。如果两者不一致,则以函数类型为准,自动进行类型转换。

(3)如函数值为整型,在函数定义时可以省去类型说明符 int。

(4)不返回函数值的函数,可以明确定义为空类型 void。但要注意,一旦函数被定义为空类型后,就不能在主调函数中使用被调函数的函数值了。例如,在定义上例中的函数 s 为空类型后,在主函数中写语句“sum=s(n);”就是错误的。

为了使程序有良好的可读性并减少出错,凡不要求返回值的函数均应定义为空类型。

任务 6.2 函数的调用

【任务目标】

分别编写计算阶乘和平方的两个函数,然后通过嵌套调用计算$(1!)^2+(2!)^2+(3!)^2+(4!)^2+(5!)^2$的值。运行结果如图 6-2 所示。

【程序代码】

```
01  #include "stdio.h"
02  #include "stdlib.h"
```

```
此表达式的值为: 15017
Press any key to continue
```

图6-2　任务6.2运行结果

```
03  long f1(int p)
04  {
05      int k;
06      long r;
07      long f2(int);
08      r=f2(p);
09      return r * r;
10  }
11  long f2(int q)
12  {
13      long c=1;
14      int i;
15      for(i=1;i<=q;i++)
16          c=c * i;
17      return c;
18  }
19  int main( )
20  {
21      int i;
22      long s=0;
23      for (i=1;i<=5;i++)
24          s=s+f1(i);
25      printf("此表达式的值为:%ld\n",s);
26  }
```

【简要说明】

第07行:函数f1中调用自定义函数f2,而函数f2的定义在此之后,故而此处必须有函数f2的声明。

第08行:通过调用函数f2计算p的阶乘。

第09行:函数f1返回阶乘的平方。

第17行:函数f2返回调用实际参数的阶乘。

【相关知识】

6.2.1　函数的调用方式

6.2.1.1　函数调用的一般形式

前面已经说过,在 C 语言中是通过对函数的调用来执行函数体的,其过程与其他语言的子程序调用相似。C 语言中,函数调用的一般形式为:

函数名(实际参数表)

实际参数表中的参数可以是常数、变量或其他构造类型数据及表达式,各实参之间用逗号分隔。对于无参函数,调用时则无实际参数表,但括号( )必须保留。

6.2.1.2　函数调用的方式

在 C 语言中,可以采用以下几种方式调用函数。

(1)函数表达式:函数作为表达式中的一项出现在表达式中,以函数返回值参与表达式的运算,这种方式要求函数是有返回值的。例如,前例中的 z=max(x,y)是一个赋值表达式,把 max 的返回值赋予变量 z。

(2)函数调用语句:函数调用的一般形式加上分号即构成函数调用语句。例如:

```
printf ("a=%d",a);
```

此处就是以函数调用语句的方式调用函数。

(3)函数实参:将一个函数作为另一个函数调用的实际参数出现,这种情况是把该函数的返回值作为实参进行传送,因此要求该函数必须是有返回值的。例如:

```
printf("%d",max(x,y));
```

此处就是把 max 函数的返回值又作为 printf 函数的实参来使用的。

6.2.1.3　被调函数的说明

在主调函数中调用某函数之前应对该被调函数进行说明(声明),这与使用变量之前要先进行变量定义是一样的。在主调函数中,对被调函数作说明的目的是使编译系统知道被调函数返回值的类型,以便在主调函数中按此种类型对返回值作相应的处理。

函数说明的一般形式为:

类型说明符 被调函数名(类型 形参,类型 形参…);

或者为:

类型说明符 被调函数名(类型,类型…);

括号内可以给出形参的类型和形参名,也可以只给出形参类型。

C 语言中规定,在以下几种情况可以省去主调函数中对被调函数的函数说明。

(1)当被调函数的返回值是整型或字符型时,可以不对被调函数作说明,而直接调用。这时系统将自动对被调函数返回值按整型处理。

(2)当被调函数的函数定义出现在主调函数之前时,在主调函数中也可以不对被调函数再作说明而直接调用。因此,在实际编写程序时,常常将被调函数放在主调函数之前,这样就可以省略被调函数的声明了。

(3)如在所有函数定义之前,在函数外预先说明了各个函数的类型,则在以后的各主调函数中,可不再对被调函数作说明。例如,某程序中包含如下程序段:

```
char str(int a);
float f(float b);
main()
{  ……  }
char str(int a)
{  ……  }
float f(float b)
{  ……  }
```

上面程序段中第1行、第2行对str函数和f函数预先作了说明,因此在以后各函数中无须对str和f函数再作说明就可直接调用。

(4)对库函数的调用不需要再作说明,但必须把该函数的头文件用include命令包含在源文件前部。

6.2.2 函数的嵌套调用

C语言中不允许作嵌套的函数定义,因为各函数之间是平行的,不存在上一级函数和下一级函数的问题。但是,C语言允许在一个函数的定义中出现对另一个函数的调用,这样就出现了函数的嵌套调用,即在被调函数中又调用其他函数。

下面来看一个嵌套调用的例子:计算 $s=2^2!+3^2!$。编程思路是:分别编写两个用户定义函数,一个用来计算平方值的函数f1,另一个用来计算阶乘值的函数f2。主函数main先调用函数f1计算出平方值,再在函数f1中以平方值为实参,调用函数f2计算其阶乘值,然后返回函数f1,再返回主函数main,在循环程序中计算累加和。参考程序代码如下:

```
#include "stdio.h"
long f1(int p)
{
    int k;
    long r;
    long f2(int);
    k=p*p;
    r=f2(k);
    return r;
}
long f2(int q)
{
    long c=1;
    int i;
    for(i=1;i<=q;i++)
        c=c*i;
```

```
        return c;
    }
    int main()
    {
        int i;
        long s=0;
        for(i=2;i<=3;i++)
            s=s+f1(i);
        printf("\ns=%ld\n",s);
    }
```

上面的程序中,函数 f1、f2 均为长整型,都在主函数之前定义,故不必再在主函数中对 f1 和 f2 加以说明。在主函数 main 中,执行循环程序,依次把 i 值作为实参调用函数 f1 求 i^2 值。在 f1 中又发生对函数 f2 的调用,这时是把 i^2 的值作为实参去调 f2,在 f2 中完成求 i^2! 的计算。f2 执行完毕,把 c 值(i^2!)返回给 f1,再由 f1 返回主函数实现累加。至此,由函数的嵌套调用实现了题目的要求。由于计算数值很大,所以函数和一些变量的类型都说明为长整型,否则会造成计算错误。

6.2.3　函数的递归调用

一个函数在它的函数体内调用它自身称为递归调用,这种函数称为递归函数。C 语言允许函数的递归调用,在递归调用中,主调函数又是被调函数。执行递归函数将反复调用其自身,每调用一次就进入新的一层。为了防止递归调用无休止地进行,必须在函数内有终止递归调用的手段。最常用的终止办法是加条件判断,满足某种条件后就不再作递归调用,然后逐层返回。

下面利用计算 n! 的程序说明递归调用的执行过程。用递归法计算 n! 可用下述公式表示:

$$n! = n\times(n-1)! \quad (n>1)$$

而当 n 为 1 或 0 时,n! 的值为 1。

```
#include "stdio.h"
long ff(int n)
{
    long f;
    if(n<0)
        printf("n<0,input error");
    else if(n==0||n==1)
        f=1;
    else
        f=ff(n-1)*n;
    return(f);
```

```
}
int main()
{
    int n;
    long y;
    printf("Please input an integer number:\n");
    scanf("%d",&n);
    y=ff(n);
    printf("%d! =%ld",n,y);
}
```

以上程序中给出的函数ff是一个递归函数。主函数main调用函数ff后,即进入函数ff执行,如果n<0、n=0或n=1时都将结束函数的执行,否则就递归调用ff函数自身。由于每次递归调用的实参为n-1,即把n-1的值赋予形参n,最后当n-1的值为1时再作递归调用,形参n的值也为1,将使递归终止,即可逐层返回。

下面再举具体数值说明该程序执行过程。假设执行本程序时,从键盘输入整数5,即求5!。在主函数中的调用语句即为y=ff(5),进入ff函数后,由于n=5,不等于0或1,故应执行f=ff(n-1)*n,即f=ff(5-1)*5。该语句对ff作递归调用即ff(4)。同理,ff(4)调用ff(3),ff(3)调用ff(2),ff(2)调用ff(1)。进行四次递归调用后,ff函数形参取得的值为1,故不再继续递归调用,而开始逐层返回主调函数。ff(1)的函数返回值为1,ff(2)的返回值为1*2=2,ff(3)的返回值为2*3=6,ff(4)的返回值为6*4=24,最后返回值ff(5)为24*5=120。

6.2.4 数组作为函数参数

数组可以作为函数的参数使用,进行数据传递。数组用作函数参数有两种形式,一种是把数组元素(下标变量)作为实参使用,另一种是把数组名作为函数的形参和实参使用。

6.2.4.1 数组元素作函数实参

数组元素就是下标变量,它与普通变量并无区别,因此它作为函数实参使用与普通变量是完全相同的。在发生函数调用时,把作为实参的数组元素的值传送给形参,实现单向的数值传递。例如:

```
#include "stdio.h"
void nzp(int v)
{
    if(v>0)
        printf("%d ",v);
    else
        printf("%d ",0);
}
```

```
int main()
{
    int a[5],i;
    printf("input 5 numbers\n");
    for(i=0;i<5;i++)
    {
        scanf("%d",&a[i]);
        nzp(a[i]);
    }
}
```

该程序的功能是:判别一个整型数组中各元素的值,若大于0则输出该值,若小于等于0则输出0值。本程序中首先定义一个无返回值函数nzp,并说明其形参v为整型变量。在函数体中根据v值输出相应的结果。在主函数main中用一个for循环输入数组各元素,每输入一个数组元素,就以该数组元素作为实参调用一次nzp函数,即把a[i]的值传送给形参v,然后执行nzp函数,根据其值的情况进行相应的输出。

6.2.4.2 数组名作为函数参数

用数组名作函数参数与用数组元素作实参有很大的不同。

(1)用数组元素作实参时,只要数组类型和函数的形参变量类型一致,那么作为下标变量的数组元素的类型也和函数形参变量的类型是一致的,因此并不要求函数的形参也是下标变量。换句话说,对数组元素的处理是按普通变量对待的。而用数组名作函数参数时,则要求形参和相对应的实参都必须是类型相同的数组,都必须有明确的数组说明。当形参和实参不一致时,即会发生错误。

(2)在普通变量或下标变量作函数参数时,形参变量和实参变量是由编译系统分配的两个不同的内存单元,在函数调用时发生的值传送是把实参变量的值赋予形参变量。在用数组名作函数参数时,不是进行值的传送,即不是把实参数组的每一个元素的值都赋予形参数组的各个元素。因为实际上形参数组并不存在,编译系统不为形参数组分配内存。那么,数据的传送是如何实现的呢?前述介绍过,数组名就是数组的首地址,因此在数组名作函数参数时所进行的传送只是地址的传送,就是把实参数组的首地址赋予形参数组名。形参数组名取得该首地址之后,也就等于有了实在的数组。实际上,形参数组和实参数组为同一数组,共同拥有一段内存空间。

(3)前面已经讨论过,在变量作函数参数时,所进行的值传送是单向的。即只能从实参传向形参,不能从形参传回实参。形参的初值和实参相同,而形参的值发生改变后,实参并不变化,两者的终值可能是不同的。而用数组名作函数参数时,情况则不同。由于实际上形参和实参为同一数组,因此当形参数组发生变化时,实参数组也随之变化。当然这种情况不能理解为发生了“双向”的值传递,但从实际效果来看,调用函数之后实参数组的值将随形参数组值的变化而变化。

(4)形参数组和实参数组的类型必须一致,但其长度可以不相同,因为在调用时,只传送首地址而不检查形参数组的长度。当形参数组的长度与实参数组不一致时,虽不至于出现语法错误(编译能通过),但程序执行结果将与实际不符,这是应该予以注意的。

任务 6.3 变量的定义与使用

【任务目标】

通过将局部变量定义为静态存储方式,计算 1!、2!、…、n!,了解存储方式对变量数值的影响。运行结果如图 6-3 所示。

```
Please input an integer:
6
1!=1
2!=2
3!=6
4!=24
5!=120
6!=720
Press any key to continue
```

图 6-3 任务 6.3 运行结果

【程序代码】

```
01 #include "stdio.h"
02 #include "stdlib.h"
03 long fac(int k)
04 {
05     static long f=1;
06     f=f * k;
07     return f;
08 }
09 int main()
10 {
11     int i,n;
12     printf("Please input an integer:\n");
13     scanf("%d",&n);
14     for(i=1;i<=n;i++)
15         printf("%d! =%ld\n",i,fac(i));
16 }
```

【简要说明】

第 05 行:定义 f 为静态存储的局部变量。

第 14 行:通过 for 循环多次重复调用函数 fac,观察变量值的变化情况。

【相关知识】

6.3.1　变量的作用域

在讨论函数的形参变量时曾经提到,形参变量只在被调用期间才分配内存单元,调用结束后立即释放。这表明,形参变量只有在函数内才是有效的,离开该函数就不能再使用了。这种变量有效性的范围称为变量的作用域。不仅对于形参变量,C语言中所有的变量都有自己的作用域。变量说明的方式不同,其作用域也不同。C语言中的变量按作用域范围不同可分为两种,即局部变量和全局变量。

6.3.1.1　局部变量

局部变量也称为内部变量,局部变量是在函数内作定义说明的,其作用域仅限于函数内,离开该函数后再使用这种变量就是非法的。例如:

```
int f1(int a)          /*函数f1*/
{
    int b,c;
    ……
}
int f2(int x)          /*函数f2*/
{
    int y,z;
    ……
}
int main()
{
    int m,n;
    ……
}
```

上面的程序中包含三个函数。在函数f1内定义了三个变量,a为形参,b、c为一般变量。变量a、b、c只在函数f1的范围内有效,或者说a、b、c变量的作用域限于函数f1内。同理,x、y、z的作用域限于函数f2内,m、n的作用域限于函数main内。

关于局部变量的作用域,还要说明以下几点。

(1)主函数main中定义的变量也只能在主函数main中使用,不能在其他函数中使用,同时主函数main中也不能使用其他函数中定义的变量。因为主函数也是一个函数,它与其他函数是平行关系。

(2)形参变量是属于被调函数的局部变量,实参变量是属于主调函数的局部变量。

(3)允许在不同的函数中使用相同的变量名,它们代表不同的对象,分配不同的单元,互不干扰,也不会发生混淆。

(4)在复合语句中也可定义变量,其作用域只在复合语句范围内。例如:

```
#include "stdio.h"
int main()
{
    int i=2,j=3,k;
    k=i+j;
    {
        int k=8;
        printf("%d\n",k);
    }
    printf("%d\n",k);
}
```

本程序在主函数 main 中定义了 i、j、k 三个变量，其中 k 未赋初值。而在复合语句内又定义了一个变量 k 并赋初值为 8。应该注意，这两个 k 不是同一个变量。在复合语句外由主函数 main 定义的 k 起作用，而在复合语句内则由复合语句定义的 k 起作用。因此，程序第 5 行的 k 为主函数 main 所定义，其值应为 i+j=2+3=5。第 8 行输出 k 值，因为该行在复合语句内，由复合语句内定义的 k 起作用，其初值为 8，故输出值为 8。第 10 行也输出 k 值，而第 10 行已在复合语句之外，输出的 k 应为主函数 main 所定义的 k，故输出值为 5。

6.3.1.2 全局变量

全局变量也称为外部变量，它是在函数外部定义的变量。它不属于哪一个函数，它属于一个源程序文件，其作用域是整个源程序文件的范围。

需要说明的是，如果同一个源文件中，外部变量与局部变量同名，则在局部变量的作用范围内，外部变量被"屏蔽"，即外部变量不起作用，优先使用内部变量。

在函数中使用全局变量，一般应作全局变量说明，全局变量的说明符为 extern。

一般情况下，只有在函数内经过说明的全局变量才能使用。但在一个函数之前定义的全局变量，在该函数内使用可不再加以说明。例如：

```
int a,b;              /*外部变量*/
void f1()             /*函数 f1*/
{
    ……
}
float x,y;            /*外部变量*/
int f2()              /*函数 f2*/
{
    ……
}
int main()            /*主函数*/
{
```

```
    ......
}
```

上例中,变量a、b、x、y都是在函数外部定义的,因而都是全局变量。但变量x、y定义在函数f1之后,而在f1内又没有对变量x、y的说明,所以它们在f1内无效。变量a、b定义在源程序最前面,因此在函数f1、f2及main内不加说明也可使用。

再来看一个需要使用extern声明的例子。

```
#include "stdio.h"
int max(int x,int y)
{
    int z;
    z=x>y? x:y;
    return(z);
}
int main()
{
    extern int A,B;
    printf("%d\n",max(A,B));
}
int A=13,B=-8;
```

在本程序中,最后一行定义了外部变量A、B。但由于外部变量定义的位置在主函数main之后,所以主函数main中不能引用外部变量A、B。若在main函数中用extern对A、B进行外部变量说明(声明),就可以从“声明”处起,合法地使用外部变量A和B。

6.3.2 变量的生存期

6.3.2.1 变量的存储方式

前面已经介绍,从变量的作用域(空间)角度来分,可以分为全局变量和局部变量。而从另一个角度,从变量的生存期(时间)角度来分,变量可以分为静态存储方式和动态存储方式。所谓静态存储方式,是指在程序运行期间分配固定的存储空间的方式。所谓动态存储方式,是指在程序运行期间根据需要进行动态分配存储空间的方式。

全局变量全部存放在静态存储区,在程序开始执行时给全局变量分配存储区,程序执行完毕之后再释放。在程序执行过程中,它们占据固定的存储单元,不会进行动态分配和释放。而在动态存储区,常常用来存放函数的形式参数、自动变量、函数调用时的现场保护和返回地址等数据。对以上这些数据,在函数开始调用时才会动态分配存储空间,函数调用结束时立即释放这些空间。

实际上,在C语言中,每个变量和函数都有数据类型和存储类别两个属性,这两个属性在定义时均需说明。

6.3.2.2 存储方式声明

(1)auto方式。关键字auto用于声明变量为自动存储类别,属于动态存储方式。一般情况下,关键字 auto 可以省略,即 auto 不写则隐含定为"自动存储类别",前述变量、函数定义均采用了此种方式。例如:

```
int f(int a)            /* 定义 f 函数,a 为参数 */
{
    auto int b,c=3;     /* 定义 b,c 自动变量 */
    ......
}
```

上面的程序段中,a 是形参(省略了关键字 auto),b、c 是自动变量,且对 c 赋初值 3。三个变量均属于动态存储方式,执行完 f 函数后,将会自动释放 a、b、c 所占的存储单元。

(2) static 方式。关键字 static 用来声明变量为静态存储方式。例如,函数中的局部变量一般属于动态存储,但有时希望函数中局部变量的值在函数调用结束后不消失而保留原值,这时就应该用 static 指定局部变量为"静态"局部变量。

以局部变量为例,其存储方式包括静态存储和动态存储两种方式。静态局部变量属于静态存储类别,在静态存储区内分配存储单元,在程序整个运行期间都不释放。而自动变量(动态局部变量)属于动态存储类别,分配动态存储空间,函数调用结束后立即释放。静态局部变量在编译时赋初值,即只赋初值一次;而对动态局部变量赋初值是在函数调用时进行的,每调用一次函数重新给一次初值,相当于执行一次赋值语句。如果在定义局部变量时不赋初值,则对静态局部变量来说,编译时自动赋初值 0(对数值型变量)或空字符(对字符变量),而对动态局部变量来说,如果不赋初值则将是一个不确定的值。

6.3.3 函数的作用域

同变量一样,函数也有使用范围的问题。考虑到所有函数均为平行关系,不能在某一函数内部定义另一个函数,所以 C 程序中的函数都是全局的。根据函数能否被其他源程序文件调用,可将函数分为内部函数和外部函数两种。

(1) 内部函数。只能在定义的源程序文件中使用的函数称为内部函数。定义内部函数时,在类型说明符前再加关键字 static,即:

static 类型说明符 函数名(形参表列)

例如:

```
static int fn(int a,int b)
```

使用内部函数,可以使函数的使用范围局限于所在文件。如果在不同的文件中有同名的内部函数定义,则彼此互不干扰。

(2) 外部函数。可以被其他源程序文件调用的函数称为外部函数。定义外部函数时,在类型说明符前再加关键字 extern,即:

extern 类型说明符 函数名(形参表列)

例如:

```
extern int fe(float x,char y)
```

定义外部函数之后,可以被其他源程序文件中的函数调用。如果在定义时省略 extern,则默认是外部函数,本书中之前所定义的所有函数均为外部函数。

总结点拨

本项目介绍了用户函数的定义、声明、调用方法,详细讨论了函数调用过程中的参数传递和结果返回,最后介绍了变量、函数的作用域问题。

变量、函数的定义均有内部、外部之分,其作用域随之也有局部、全局之分,其核心目的是分类管理变量和函数,以尽可能节省内存空间。对于内部变量,只在函数调用时才会分配空间,函数返回则随即释放内存,这对于变量较多的大型程序尤其重要。另外,还可以控制变量的生存期,根据需要确定为动态存储方式和静态存储方式。没有特殊要求时,变量均需设为动态存储方式,即变量使用时分配空间、函数调用结束则立即释放。同变量的类型控制一样,一定要养成节约内存、绿色发展的理念,逐步培养良好的编程习惯。

课后提升

一、单项选择题

1. 在C语言中,形参的缺省存储类别是(　　)。

A. auto　　B. register　　C. static　　D. extern

2. 在调用函数时,如果实参是简单变量,与对应形参之间的数据传递方式是(　　)。

A. 地址传递　　B. 单向值传递

C. 由实参传给形参,再由形参传回实参　　D. 传递方式由用户指定

3. 若程序中定义了以下函数

```
double  Add(double a,double b)
{ return (a+b); }
```

并将其放在调用语句之后,则在调用之前应该对该函数进行说明,以下选项中错误的说明是(　　)。

A. double Add(double a,b)　　B. double Add(double,double);

C. double Add(double b,double a);　　D. double Add(double x,double y);

4. 以下对C语言函数的有关描述中,正确的是(　　)。

A. 在C语言中,调用函数时,只能把实参的值传送给形参,形参的值不能传送给实参

B. C函数既可以嵌套定义,又可以递归调用

C. 函数必须有返回值,否则不能使用函数

D. C程序中有调用关系的所有函数必须放在同一个源程序文件中

5. 以下叙述中不正确的是(　　)。

A. 在C语言中,函数中的自动变量可以赋初值,每调用一次,赋一次初值

B. 在C语言中,在调用函数时,实际参数和对应形参在类型上只需赋值兼容

C. 在C语言中,外部变量的隐含类别是自动存储类别

D. 在C语言中,函数形参可以说明为auto变量

6. 以下叙述中不正确的是(　　)。

A. 在不同的函数中可以使用相同名字的变量

B. 函数中的形式参数是局部变量

C. 在一个函数内定义的变量只在本函数范围内有效

D. 在一个函数内的复合语句中定义的变量在本函数范围内有效

7. 有以下程序

```
#include "stdio.h"
int abc(int u,int v);
main ()
{ int a=24,b=16,c;
c=abc(a,b);
printf("%d\n",c); }
int abc(int u,int v)
{ int w;
while(v)
{ w=u%v; u=v; v=w; }
return u;}
```

输出结果是(　　)。

A. 6　　B. 7　　C. 8　　D. 9

8. 以下程序运行后，输出结果是(　　)。

```
#include "stdio.h"
func(int a, int b)
{ static int m=0,i=2;
i+=m+1;
m=i+a+b;
return(m); }
main()
{ int k=4,m=1,p;
p=func(k,m);printf("%d,",p);
p=func(k,m);printf("%d\n",p); }
```

A. 8,15　　B. 8,16　　C. 8,17　　D. 8,8

9. 以下程序运行后，输出结果是(　　)。

```
#include "stdio.h"
int d=1;
fun(int p)
{ int d=5;
d+=p++;
printf("%d ",d);}
```

```
main()
{ int a=3;
fun(a);
d+=a++;
printf("%d\n",d);}
```

A.8 4　　B.9 9　　C.9 5　　D.4 4

10. 以下叙述中错误的是(　　)。

A. C程序必须由一个或一个以上的函数组成

B. 函数调用可以作为一个独立的语句存在

C. 若函数有返回值,必须通过 return 语句返回

D. 函数形参的值也可以传回给对应的实参

11. 有如下函数调用语句

```
func(rec1,rec2+rec3,(rec4,rec5));
```

该函数调用语句中,含有的实参个数是(　　)。

A. 3　　B. 4　　C. 5　　D. 不确定

12. 下列叙述中正确的是(　　)。

A. C语言编译时不检查语法　　B. C语言的子程序有过程和函数两种

C. C语言的函数可以嵌套定义　　D. C语言所有函数都是外部函数

13. 以下所列的各函数首部中,正确的是(　　)。

A. void play(var :Integer,var b:Integer)　　B. void play(int a,b)

C. void play(int a,int b)　　D. Sub play(a as integer,b as integer)

14. 当调用函数时,实参是一个数组名,则向函数传送的是(　　)。

A. 数组的长度　　B. 数组的首地址

C. 数组每一个元素的地址　　D. 数组每个元素中的值

15. 以下函数值的类型是(　　)。

```
fun ( float x )
  { float y;
y= 3 * x-4;
return y; }
```

A. int　　B. 不确定　　C. void　　D. float

16. 以下叙述中正确的是(　　)。

A. 构成C程序的基本单位是函数

B. 可以在一个函数中定义另一个函数

C. main()函数必须放在其他函数之前

D. 所有被调用的函数一定要在调用之前进行定义

17. 若已定义的函数有返回值,则以下关于该函数调用的叙述中错误的是(　　)。

A. 函数调用可以作为独立的语句存在

B. 函数调用可以作为一个函数的实参

C. 函数调用可以出现在表达式中

D. 函数调用可以作为一个函数的形参

18. 以下关于函数的叙述中正确的是(　　)。

A. 每个函数都可以被其他函数调用(包括 main 函数)

B. 每个函数都可以被单独编译

C. 每个函数都可以单独运行

D. 在一个函数内部可以定义另一个函数

19. 设函数 fun 的定义形式为

```
void fun(char ch, float x ) { … }
```

则以下对函数 fun 的调用语句中,正确的是(　　)。

A. fun("abc",3.0);　　B. t=fun('D',16.5);

C. fun("c",2);　　D. fun(32,32);

20. 若函数调用时的实参为变量,以下叙述中正确的是(　　)。

A. 函数的实参和其对应的形参共占同一存储单元

B. 形参只是形式上的存在,不占用具体存储单元

C. 同名的实参和形参占同一存储单元

D. 函数的形参和实参分别占用不同的存储单元

二、程序改错题

请纠正以下程序中的错误,以实现其相应的功能。

1. 编写程序计算两个整数绝对值阶乘之差。

```
#include "math.h"
#include "stdio.h"
int fac(int n)          /*计算一个整数绝对值的阶乘*/
{
    int i,f=1;
    n=abs(n);           /*引用数学函数abs()*/
    for(i=1;i<=n;i++)
        f=f*i;
    return (f)
}
main( )
{
    int x,y,c1,c2;
    printf("请输入x,y的值:");
    scanf("%d%d",&x,&y);
    c1=fac(x)           /*调用函数fac,求x绝对值的阶乘*/
    c2=fac(y)           /*调用函数fac,求y绝对值的阶乘*/
    printf("两个数绝对值阶乘的差值为:%d\n",c1-c2);
```

```
}
```

2. 函数 prime 用于判断一个数是否为素数,是则返回 1,否则返回 0。主函数通过调用该函数输出素数。

```
#include "stdio.h"
int prime(int x)
{
    int i,n=0;
    for(i=2;i<=x/2;i++)
        if(x%i==0)
            n++;
    if(n==0)
        return 0;
    else
        return 1;
}
int main( )
{
    int m;
    printf("m=");
    scanf("%d",m);
    if(prime(m))
        printf("%d is prime\n",m);
    else
        printf("%d is not prime\n",m);
}
```

三、程序填空题

请根据程序功能要求补充完善程序,以实现其相应的功能。

1. 定义函数 fun 计算:m=1-2+3-4+…+9-10 的值。

```
#include "stdio.h"
int fun(int n)
{
    int m=0,f=1,i;
    for(i=1;i<=n;i++)
    {
        m=m+i*f;
        __________
    }
    return____;
```

```
}
int main()
{
    printf("m=%d\n",fun(10));
}
```

2. 利用递归调用法计算阶乘。

```
#include "stdio.h"
#include "stdlib.h"
fact(int  n)
{
    int  t ;
    if (n==1||n==0)
        t=1;
    else
        t=n * fact(n-1) ;
    return______
}
main( )
{
    int  n,t ;
    printf("请输入 n 的值:");
    scanf("%d",&n) ;
    if (n<0)
        printf("输入数据错误! \n") ;
    else
        t=________
    printf("\n%d! =%d\n",n,t) ;
}
```

四、程序编写题

请根据功能要求编写程序,并完成运行调试。

1. 写一个函数,将一个字符串中的元音字母复制到另一字符串,然后输出。

2. 写一函数,使给定的一个二维数组(3×3)转置,即行列互换。

3. 输入 5 个学生的 4 门课的成绩,分别用函数计算每个学生的平均分,并将平均分及各科成绩在一行内输出。

项目 7　指针及应用

任务 7.1　通过指针访问数组

【任务目标】

定义一个一维整型数组并初始化，利用指针输出各数组元素的数值和地址。运行结果如图 7-1 所示。

```
各数组元素的值分别为:
11   22   33   44   55
通过指针输出各元素的值分别为
11   22   33   44   55
数组各元素的地址分别为:
0x19ff18     0x19ff1c     0x19ff20     0x19ff24     0x19ff28
Press any key to continue
```

图 7-1　任务 7.1 运行结果

【程序代码】

```
01  #include "stdio.h"
02  int main()
03  {
04      int a[6]={11,22,33,44,55};
05      int i=0;
06      printf("各数组元素的值分别为:\n");
07      for(i=0;i<5;i++)
08          printf("%d   ",a[i]);
09      printf("\n通过指针输出各元素的值分别为\n");
10      for(i=0;i<5;i++)
11          printf("%d   ",*(a+i));
12      printf("\n数组各元素的地址分别为:\n");
13      for(i=0;i<5;i++)
14          printf("0x%x     ",&a[i]);
15      printf("\n");
16  }
```

【简要说明】

第07行、第08行：通过下标变量的方式输出各数组元素的值。

第10行、第11行：通过数组名对应的指针输出各数组元素的值。

第13行、第14行：输出各数组元素的地址。

【相关知识】

7.1.1 指针概述

指针是C语言中广泛使用的一种数据类型，运用指针编程是C语言最主要的风格之一。利用指针变量可以表示各种数据结构，能很方便地使用数组和字符串，能像汇编语言一样处理内存地址，从而编出精练而高效的程序。学习指针是学习C语言中最重要的一环，能否正确理解和使用指针是人们是否掌握C语言的一个标志。同时，指针也是C语言中最为困难的一部分，在学习中除要正确理解基本概念外，还必须多进行编程练习并上机调试。

在计算机中，所有的数据都是存放在存储器中的。一般把存储器中的一个字节称为一个内存单元，不同的数据类型所占用的内存单元数不等，如整型量占2个或者4个单元，而字符量只占1个单元，这在前面已有详细的介绍。为了正确地访问这些内存单元，必须为每个内存单元编号，根据一个内存单元的编号即可准确地找到该内存单元，内存单元的编号称作地址。根据内存单元的地址就可以找到该内存单元的内容，因而通常也把这个地址称为指针。

内存单元的指针和内存单元的内容是两个不同的概念，对于一个内存单元来说，单元的地址即为指针，其中存放的数据才是该单元的内容。在C语言中，通常用一个变量来存放指针，这种变量称为指针变量。严格地说，一个指针是一个地址，是一个常量。而一个指针变量却可以被赋予不同的指针值，是变量。但在某些场合，常把指针变量简称为指针。为了避免混淆，一般C语言约定："指针"是指地址，是常量，而"指针变量"是指取值为地址的变量。定义指针变量的目的是通过指针去访问内存单元。

既然指针变量的值是一个地址，那么这个地址不仅可以是变量的地址，也可以是其他数据结构的地址。在一个指针变量中存放一个数组或一个函数的首地址有何意义呢？因为数组或函数的数据都是连续存放的，通过访问指针变量取得了数组或函数的首地址，也就找到了该数组或函数。这样一来，凡是出现数组、函数的地方都可以用一个指针变量来表示，只要该指针变量中赋予数组或函数的首地址即可。这样做，将会使程序的概念十分清楚，程序本身也更加精练、高效。在C语言中，一种数据类型或数据结构往往都占有一组连续的内存单元，用"地址"这个概念并不能很好地描述一种数据类型或数据结构，而"指针"虽然实际上也是一个地址，但它却是一个数据结构的首地址，它是"指向"一个数据结构的，因而概念更为清楚，表示更为明确，这也是引入"指针"概念的一个重要原因。

7.1.2　指针变量

根据前面的叙述,变量的指针就是变量的地址,存放变量地址的变量就是指针变量。在 C 语言中,允许用一个变量来存放指针,这种变量称为指针变量。因此,一个指针变量的值就是某个变量的地址,也称为该变量的指针。

7.1.2.1　指针变量的定义

指针变量定义的一般形式为:

类型说明符　* 变量名;

其中, * 表示这是一个指针变量,变量名即为用户定义的指针变量名,类型说明符表示该指针变量所指向的变量的数据类型。例如:

```
int  *p1 ;
```

上面的定义表示 p1 是一个指针变量,它的值是某个整型变量的地址,或者说 p1 指向一个整型变量。至于 p1 究竟指向哪一个整型变量,应由向 p1 赋予的地址来决定。再如:

```
int    *p2;         /*p2 是指向整型变量的指针变量*/
float  *p3;         /*p3 是指向浮点变量的指针变量*/
char   *p4;         /*p4 是指向字符变量的指针变量*/
```

应该注意的是,一个指针变量只能指向同类型的变量,比如上面的 p3 只能指向浮点变量,不能时而指向一个浮点变量,时而又指向一个字符变量。

7.1.2.2　指针变量的引用

指针变量同普通变量一样,使用之前不仅要定义说明,而且必须赋予具体的值。特别要注意,未经赋值的指针变量不能使用,否则将造成系统混乱,甚至死机。指针变量的赋值只能赋予地址,决不能赋予任何其他数据,否则将引起错误。在 C 语言中,变量的地址是由编译系统分配的,用户不知道变量的具体地址,必须通过专门的运算符来取得。

与指针相关的运算符有两个。一个是取地址运算符"&",这在 scanf 函数使用时已经介绍过了;另一个是间接访问运算符" * ",可以用来读取对应地址单元的内容,在定义指针变量时,它还作为指针类型说明的标志来用。

取地址运算的一般形式为:

& 变量名

如 &a 表示取变量 a 的地址,&b 表示取变量 b 的地址。假设有指向整型变量的指针变量 p,如要把整型变量 a 的地址赋予 p,可以有以下两种方式:

(1)指针变量初始化的方法,比如:

```
int a;
int *p=&a;
```

在定义 p 为指针变量的同时,将整型变量 a 的地址赋给指针 p,其过程与前面的变量初始化赋值类似。

(2)赋值语句的方法,比如:

```
int a;
int *p;
```

```
p=&a;
```

上面的语句中,先定义整型变量 a 和指向整型变量的指针变量 p,然后通过赋值语句将变量 a 的地址赋给 p。

再次强调一下,指针变量只能用来存储地址,不允许随便把一个数赋予指针变量,比如下面的赋值是错误的:

```
int *p;
p=1000;
```

另外,被赋值的指针变量前不能再加"*"说明符,如写为 *p=&a 也是错误的。这是因为,"*"除在指针变量的定义语句中表示指针类型标志外,其他语句中"*"均为间接访问运算符,即通过指针间接访问它所指向的变量的内容。

通过指针访问它所指向的一个变量是以间接访问的形式进行的,所以比直接访问一个变量要费时间,而且也不直观。因为通过指针要访问哪一个变量,取决于指针的值(地址指向),通过这个值去寻找内存单元,然后才能得到该变量的值,故而称作间接访问。

但是,由于指针是变量,因此可以通过改变它们的指向,以间接形式访问不同的变量,甚至是一大批变量(比如数组),这将给程序的编写带来巨大的灵活性,也使程序代码编写变得更为简洁和高效。

下面来看一个指针应用的简单例子。

```
#include "stdio.h"
int main()
{
    int a=100,b=10;
    int *pointer_1, *pointer_2;
    pointer_1=&a;
    pointer_2=&b;
    printf("%d,%d\n",a,b);
    printf("%d,%d\n", *pointer_1, *pointer_2);
}
```

上面的程序在开头处虽然定义了两个指针变量 pointer_1 和 pointer_2,但并未指向任何一个变量,只是规定它们指向整型变量。接下来,通过取地址运算并赋值,使 pointer_1 指向整型变量 a、pointer_2 指向整型变量 b。最后一行的 *pointer_1 和 *pointer_2 间接访问指针指向变量的内容,其实就是变量 a 和 b 的值。所以,最后两个 printf 函数会输出相同的结果。

7.1.2.3 指针变量作为函数参数

函数的参数不仅可以是整型、实型、字符型等数据,还可以是指针类型。它的作用是将一个变量的地址传送到另一个函数中。下面来看一个具体的例子。

```
#include "stdio.h"
void swap(int *p1,int *p2)
{
```

```
    int temp;
    temp= * p1;
    * p1= * p2;
    * p2=temp;
}
int main( )
{
    int a,b;
    int  * pointer_1, * pointer_2;
    scanf( "%d,%d" ,&a,&b) ;
    pointer_1=&a;
    pointer_2=&b;
    if( a<b)
        swap( pointer_1,pointer_2) ;
    printf( "\n%d,%d\n",a,b) ;
}
```

上面的程序中,swap 是用户定义的函数,它的作用是交换两个变量的值,swap 函数的形参 p1、p2 是指针变量。程序运行时,先执行 main 函数,输入整型变量 a、b 的值。然后将 a 和 b 的地址分别赋给指针变量 pointer_1 和 pointer_2,使 pointer_1 指向 a、pointer_2 指向 b。接着执行 if 语句,如果 a<b,则将执行 swap 函数。注意实参 pointer_1 和 pointer_2 是指针变量,在函数调用时,将实参变量的值传递给形参变量。采取的依然是“值传递”方式。因此,虚实结合后形参 p1 的值为 &a,p2 的值为 &b。这时 p1 和 pointer_1 指向变量 a,p2 和 pointer_2 指向变量 b。接着执行 swap 函数的函数体,使 * p1 和 * p2 的值互换,也就是使 a 和 b 的值互换。最后在 main 函数中输出 a、b 的值,此时已经是交换之后的值。

7.1.3　指向数组的指针

一个数组包含若干元素,每个数组元素都在内存中占用存储单元,所谓数组的指针是指数组的起始地址,而数组元素的指针是数组元素的地址。

7.1.3.1　指向数组元素的指针

一个数组是由连续的一块内存单元组成的,数组名就是这块连续内存单元的首地址。一个数组也是由各个数组元素(下标变量)组成的,每个数组元素按其类型不同占有几个连续的内存单元,一个数组元素的首地址也是指它所占有的几个内存单元的首地址。

定义一个指向数组元素的指针变量的方法,与以前介绍指向普通变量的指针相同。例如:

```
int a[10];      /* 定义 a 为包含 10 个整型数据的数组 */
int * p;        /* 定义 p 为指向整型变量的指针 */
```

应当注意,因为数组为 int 型,所以指针变量也应为指向 int 型的指针变量。下面是对

指针变量赋值:

```
p=&a[0];
```

把a[0]元素的地址赋给指针变量p。也就是说,p指向a数组的第0号数组元素。

C语言规定,数组名代表数组的首地址,也就是第0号数组元素的地址。因此,下面两个语句等价:

```
p=&a[0];     p=a;
```

当然,也可以在定义指针变量时赋初值:

```
int *p=&a[0];
```

或者写成:

```
int *p=a;
```

7.1.3.2 通过指针引用数组元素

在C语言中,如果指针变量p已指向数组中的一个元素,则p+1指向同一数组中的下一个元素。比如p的初值为&a[0],则p+i和a+i就是a[i]的地址,或者说它们指向a数组的第i个元素。*(p+i)或*(a+i)就是p+i或a+i所指向的数组元素的内容,即a[i]。例如*(p+5)或*(a+5)就是a[5]。指向数组的指针变量也可以带下标,如p[i]与*(p+i)等价。

根据以上叙述,引入指针变量后,就可以用下标法、指针法两种方法访问数组元素。所谓下标法,即用a[i]形式访问数组元素,在前面介绍数组时都是采用这种方法。所谓指针法,即采用*(a+i)或*(p+i)形式,用间接访问的方法来访问数组元素,其中a是数组名,p是指向数组的指针变量,此时两者作用相同。但在实际应用时,指针变量可以实现本身的值的改变,比如p++是合法的。而a++却是错误的,因为a是数组名,它是数组的首地址,是个常量。

7.1.3.3 数组名作函数参数

数组名可以作为函数的实参和形参。例如:

```
#include "stdio.h"
f(int arr[],int n)
{
    ……
}
int main()
{
    int array[10];
    ……
    f(array,10);
    ……
}
```

array为实参数组名,arr为形参数组名。在学习指针变量之后,现在就很容易理解这个问题了。数组名就是数组的首地址,实参向形参传送数组名实际上就是传送数组的地

址,形参得到该地址后也指向同一数组。这就好像同一件物品有两个彼此不同的名称一样。

同样,指针变量的值也是地址,数组指针变量的值即为数组的首地址,当然也可作为函数的参数使用。下面再来看一个具体的例子。

```
#include "stdio.h"
void inv(int *x,int n)            // 形参 x 为指针变量
{
    int *p,temp, *i, *j,m=(n-1)/2;
    i=x;
    j=x+n-1;
    p=x+m;
    for(;i<=p;i++,j--)
    {
        temp= *i;
        *i= *j;
        *j=temp;
    }
}
int main()
{
    int i,a[10]={3,7,9,11,0,6,7,5,4,2};
    printf("The original array:\n");
    for(i=0;i<10;i++)
        printf("%d,",a[i]);
    printf("\n");
    inv(a,10);                    //数组名作为实参,调用函数 inv
    printf("The array has benn inverted:\n");
    for(i=0;i<10;i++)
        printf("%d,",a[i]);
    printf("\n");
}
```

上面程序的功能是将数组 a 中的 n 个整数按相反顺序存放。具体算法是:将 a[0]与 a[n-1]对换,再 a[1]与 a[n-2] 对换,……,直到将 a[(n-1/2)]与 a[n-int((n-1)/2)]对换。

7.1.4 指向字符串的指针

引入指针之后,同数组类似,也可以用两种方法访问一个字符串。

(1)字符数组。前面项目中已经介绍,用字符数组存放一个字符串,当然也可以输出

字符串。例如:

```
#include "stdio.h"
int main()
{
    char string[]="I love China!";
    printf("%s\n",string);
}
```

如前所述,string 是数组名,它代表字符数组的首地址。

(2)字符指针。用字符串指针同样可以指向一个字符串,上面的程序可以改为:

```
#include "stdio.h"
int main( )
{
    char *string="I love China!";
    printf("%s\n",string);
}
```

字符串指针变量的定义说明与指向字符变量的指针变量说明是相同的,两者只能通过对指针变量的赋值不同来区别。比如:

```
char c, *p=&c;
```

表示 p 是一个指向字符变量 c 的指针变量。再如:

```
char *s="C Language";
```

表示 s 是一个指向字符串的指针变量,并把字符串的首地址赋予 s。

下面再来看一个利用指针处理字符串的例子。

```
#include "stdio.h"
int main( )
{
    char *ps="this is a book";
    int n=10;
    ps=ps+n;
    printf("%s\n",ps);
}
```

上面程序中对 ps 初始化时,即把字符串首地址赋予 ps,当执行 ps=ps+n 之后,指针 ps 向后移动 10 个位置,指向字符 b,最后屏幕输出为 book。

任务 7.2　指针在函数中的应用

【任务目标】

根据从键盘上输入的行数值输出杨辉三角形。杨辉三角形的特点是第 0 列和对角线上的值均为 1,其他元素为它同列紧邻上面的元素和紧邻左上角的数字之和。运行结果

如图 7-2 所示。

```
请输入杨辉三角形的行数: 10
     1
     1     1
     1     2     1
     1     3     3     1
     1     4     6     4     1
     1     5    10    10     5     1
     1     6    15    20    15     6     1
     1     7    21    35    35    21     7     1
     1     8    28    56    70    56    28     8     1
     1     9    36    84   126   126    84    36     9     1
输出杨辉三角形如上所示
Press any key to continue
```

图 7-2　任务 7.2 运行结果

【程序代码】

```
01  #include "stdio.h"
02  void getdata(int (*p)[18],int m)
03  {
04    int i,j;
05    for(i=0;i<m;i++)
06    {
07        p[i][i]=1;
08        p[i][0]=1;
09    }
10    for(i=2;i<m;i++)
11        for(j=1;j<i;j++)
12            p[i][j]=p[i-1][j-1]+p[i-1][j];
13  }
14  void outdata(int p[][18],int m)
15  {
16    int i,j;
17    for(i=0;i<m;i++)
18    {
19        for(j=0;j<=i;j++)
20          printf("%6d",p[i][j]);
21        printf("\n");
22    }
23  }
24  int main()
25  {
```

```
26     int  a[18][18],n;
27     printf("请输入杨辉三角形的行数:");
28     scanf("%d",&n);
29     while(n<=1||n>18)
30        scanf("%d",&n);
31     getdata(a,n);
32     outdata(a,n);
33     printf("输出杨辉三角形如上所示\n");
34  }
```

【简要说明】

第02行:getdata函数为杨辉三角形所用的二维数组元素赋值,二维数组名是一个行指针,所以形参p定义为一个行指针变量。

第05行:通过for循环为第0列和对角线上元素赋值为1。

第10行:通过for循环开始从第2行为值非1的元素赋值。

第14行:outdata函数用于输出杨辉三角形。

第28行:行值由键盘上输入。

第29行:如果输入的行值不在数组下标范围内,要求重新输入。

第31行:数组名作为实参调用数据生成函数。

第32行:数组名作为实参调用数据输出函数。

【相关知识】

7.2.1 指针变量的运算

指针变量可以进行运算,但其运算的种类是有限的,只能进行赋值运算和部分算术运算及关系运算,相关的运算符也只有“&”和“*”。如前所述,取地址运算符&是单目运算符,其结合性为自右至左,其功能是取变量的地址。取内容运算符*是单目运算符,其结合性为自右至左,用来间接读取指针变量所指向的变量的内容。

下面对指针变量可能完成的运算进行简单整理。

7.2.1.1 赋值运算

指针变量的赋值运算有以下几种形式:

(1)指针变量初始化赋值,前面已作介绍。

(2)把一个变量的地址赋予指向相同数据类型的指针变量,前面也已介绍。

(3)把一个指针变量的值赋予指向相同类型变量的另一个指针变量。比如:

```
int a, *pa=&a, *pb;
pb=pa;                    /*把a的地址赋予指针变量pb*/
```

由于pa,pb均为指向整型变量的指针变量,因此可以相互赋值。

(4)把数组的首地址赋予指向数组的指针变量。比如:

```
int a[5], * pa;
pa=a;
```

由于数组名表示数组的首地址,因此可赋予指向数组的指针变量 pa,也可以写作:

```
pa=&a[0];            /* 数组第一个元素的地址也是整个数组的首地址 */
```

当然也可采取初始化赋值的方法:

```
int a[5], * pa=a;
```

(5)把字符串的首地址赋予指向字符类型的指针变量。比如:

```
char * pc;
pc="C Language";
```

或用初始化赋值的方法写为:

```
char * pc="C Language";
```

需要说明的是,此处并不是把整个字符串装入指针变量,而是把存放该字符串的字符数组的首地址装入指针变量。

(6)把函数的入口地址赋予指向函数的指针变量。比如:

```
int ( * pf)();
pf=f;                /* f 为函数名 */
```

7.2.1.2　数组指针加减运算

对于指向数组的指针变量,可以加上或减去一个整数 n。设 pa 是指向数组 a 的指针变量,则 pa+n、pa-n、pa++、++pa、pa--、--pa 运算都是合法的。指针变量加或减一个整数 n 的意义是把指针指向的当前位置(指向某数组元素)向前或向后移动 n 个位置。应该注意,数组指针变量向前或向后移动一个位置和地址加 1 或减 1 在概念上是不同的。因为数组可以有不同的类型,各种类型的数组元素所占的字节长度是不同的。如指针变量加 1,即向后移动 1 个位置表示指针变量指向下一个数据元素的首地址,而不是在原地址基础上加 1。例如:

```
int a[5], * pa;
pa=a;                /* pa 指向数组 a,也是指向 a[0] */
pa=pa+2;             /* pa 指向 a[2],即 pa 的值为 &a[2] */
```

指针变量的加减运算只能对指向数组的指针变量进行,对指向其他类型变量的指针变量作加减运算是毫无意义的。

7.2.1.3　指针变量之间的运算

只有指向同一数组的两个指针变量之间才能进行运算,否则运算毫无意义。

(1)两指针变量相减。两指针变量相减所得之差是两个指针所指数组元素之间相差的元素个数,实际上是两个指针值(地址)相减之差再除以该数组元素的长度(字节数)。例如,pf1 和 pf2 是指向同一浮点数组的两个指针变量,设 pf1 的值为 2010H,pf2 的值为 2000H,而浮点数组每个元素占 4 个字节,所以 pf1-pf2 的结果为(2000H-2010H)/4=4,

表示 pf1 和 pf2 之间相差 4 个元素。需要注意,两个指针变量不能进行加法运算,显然 pf1 +pf2 毫无实际意义。

(2)两指针变量进行关系运算。指向同一数组的两指针变量进行关系运算可表示它们所指数组元素之间的关系。例如:

pf1==pf2　　表示 pf1 和 pf2 指向同一数组元素;

pf1>pf2　　表示 pf1 处于高地址位置;

pf1<pf2　　表示 pf2 处于低地址位置。

指针变量还可以与 0 比较。设 p 为指针变量,则 p==0 表明 p 是空指针,它不指向任何变量;p! =0 表示 p 不是空指针。

空指针是由对指针变量赋予 0 值而得到的。

下面来看一个简单的指针运算的例子,程序的具体执行过程可以自行分析。

```
#include "stdio.h"
int main( )
{
    int a=10,b=20,s,t,*pa,*pb;
    pa=&a;              /*给指针变量 pa 赋值,pa 指向变量 a*/
    pb=&b;              /*给指针变量 pb 赋值,pb 指向变量 b*/
    s=*pa+*pb;          /*求 a+b 之和,(*pa 就是 a,*pb 就是 b)*/
    t=*pa**pb;          /*本行是求 a*b 之积*/
    printf("a=%d\nb=%d\na+b=%d\na*b=%d\n",a,b,a+b,a*b);
    printf("s=%d\nt=%d\n",s,t);
}
```

7.2.2 函数指针变量

在 C 语言中,一个函数总是占用一段连续的内存单元,而函数名就是该函数所占内存区域的首地址。可以把函数的这个首地址(或称入口地址)赋予一个指针变量,使该指针变量指向该函数,然后通过指针变量就可以找到并调用这个函数。把这种指向函数入口地址的指针变量称为函数指针变量。函数指针变量定义的一般形式为:

类型说明符　(*指针变量名)();

其中,类型说明符表示指向函数的返回值的类型,最后的空括号表示指针变量所指的是一个函数。例如:

```
int (*pf)();
```

定义的 pf 是一个指向函数入口的指针变量,该函数的返回值是整型。

下面来看一个通过指针形式实现对函数调用的例子。

```
#include "stdio.h"
int max(int a,int b)
{
```

```
    if(a>b)
        return a;
    else
        return b;
}
int main( )
{
    int max(int a,int b);
    int( * pmax)();
    int x,y,z;
    pmax=max;
    printf("Please input two numbers:\n");
    scanf("%d%d",&x,&y);
    z=( * pmax)(x,y);
    printf("Max number=%d",z);
}
```

从上述的程序可以看出,用函数指针变量形式调用函数的步骤如下:首先应该定义函数指针变量,上例中定义 pmax 为函数指针变量;然后把被调函数的入口地址(函数名)赋予该函数指针变量,如上例中的“pmax=max;”语句;最后就可以用函数指针变量形式调用函数,如上例程序中的“z=(* pmax)(x,y);”语句。

7.2.3 指针型函数

前述内容介绍过,所谓函数类型是指函数返回值的类型。在 C 语言中,允许一个函数的返回值是一个指针(地址),这种返回指针值的函数称为指针型函数。定义指针型函数的一般形式为:

```
类型说明符 * 函数名(形参表)
{
    ……              /* 函数体 */
}
```

其中,类型说明符表示了返回的指针值所指向的数据类型,而函数名之前加了“ * ”号表明这是一个指针型函数,即返回值是一个指针。比如:

```
int * ap(int x,int y)
{
  ……
}
```

定义的 ap 是一个返回指针值的指针型函数,它返回的指针指向一个整型变量。

下面来看一个具体的例子。

```
#include "stdio.h"
int main( )
{
    int i;
    char *day_name(int n);          //函数声明,因为该函数的定义在此之后
    printf("Please input Day No:\n");
    scanf("%d",&i);
    if(i<0)
        exit(1);
    printf("Day No:%2d-->%s\n",i,day_name(i));
}
char *day_name(int n)
{
    static char *name[ ]={ "Illegal day", "Monday","Tuesday",
        "Wednesday","Thursday", "Friday", "Saturday", "Sunday"};
    return ((n<1||n>7) ? name[0] : name[n]);
}
```

本程序要求用户通过键盘输入一个1~7的整数,然后输出对应的英文字符。本例中定义了一个指针型函数day_name,它的返回值指向一个字符串。该函数中定义了一个静态指针数组name,name数组初始化赋值为八个字符串,分别表示各个星期名及出错提示。形参n表示与星期名所对应的整数。在主函数中,把输入的整数i作为实参,在printf语句中调用day_name函数并把i值传送给形参n。day_name函数中的return语句包含一个条件表达式,n值若大于7或小于1则把name[0]指针返回主函数,输出错误提示字符串“Illegal day”,否则将返回主函数输出对应的星期名。

主函数中还有一个条件语句,其语义是如果输入为负数则中止程序运行。exit是一个库函数,exit(1)表示发生错误后退出程序,exit(0)表示正常退出。

应该特别注意的是,函数指针变量和指针型函数这两者在写法和意义上有很大区别。如int(*p)()和int *p()是两个完全不同的量。int (*p)()是一个变量说明,说明p是一个指向函数入口的指针变量,该函数的返回值是整型,(*p)两边的括号不能少。int *p()则不是变量说明而是函数说明,说明p是一个指针型函数,其返回值是一个指向整型量的指针,*p两边没有括号。作为函数说明,在括号内最好写入形式参数,这样便于与变量说明区别。另外,对于指针型函数定义,int *p()只是函数头部分,一般还应该有函数体部分。

任务 7.3　指针数组的应用

【任务目标】

编写一个简单的图书查询程序,利用一个二维数组存放图书名称,利用一个指针数组存放作者信息,各书的编号存放在一个一维数组中。要求输入图书的编号,能显示出对应

的图书信息。运行结果如图 7-3 所示。

```
请输入编号:1004
编号为1004的图书是《物理》
该本图书的作者是:赵六
Press any key to continue
```

图 7-3　任务 7.3 运行结果

【程序代码】

```
01  #include "stdio.h"
02  #include "string.h"
03  int main()
04  {
05      char s[5][25]={"语文","数学","外语","物理","化学"};
06      int num[5]={1001,1002,1003,1004,1005};
07      char *author[5]={"张三","李四","王五","赵六","钱七"};
08      int i,j;
09      printf("请输入编号:");
10      scanf("%d",&i);
11      for(j=0;j<=4;j++)
12          if(num[j]==i)
13          {
14              printf("编号为%d 的图书是《%s》\n",i,s[j]);
15              printf("该本图书的作者是:%s\n",author[j]);
16              break;
17          }
18    if(j>4)
19          printf("未找到该图书！\n");
20  }
```

【简要说明】

第 05 行:定义二维数组表示图书名称。

第 06 行:定义一维数组表示图书编号。

第 07 行:定义指针数组表示作者信息。

第 18 行:编号超出范围判断。

【相关知识】

7.3.1 指针数组

若一个数组的各元素值均为指针则称为指针数组,指针数组是一组有序的指针的集合,指针数组的所有元素都必须是具有相同存储类型和指向相同数据类型的指针变量。指针数组说明的一般形式为:

类型说明符 *数组名[数组长度]

其中,类型说明符为指针所指向的变量的类型。例如:

int *pa[3];

定义的pa是一个指针数组,它包括三个数组元素,每个元素值都是一个指针,均指向整型变量。

通常可用一个指针数组来指向一个二维数组,指针数组中的每个元素被赋予二维数组每一行的首地址,因此也可理解为指向一个一维数组。指针数组也常用来表示一组字符串,这时指针数组的每个元素被赋予一个字符串的首地址,指向字符串的指针数组的初始化更为简单。当然,指针数组也可以用作函数参数。

下面来看一个具体的例子。

```
#include "string.h"
#include "stdio.h"
int main( )
{
    void sort(char *name[ ],int n);
    void print(char *name[ ],int n);
    static char *name[ ]={ "CHINA","AMERICA",
                        "AUSTRALIA","FRANCE","GERMAN"};
    int n=5;
    sort(name,n);
    print(name,n);
}
void sort(char *name[ ],int n)
{
    char *pt;
    int i,j,k;
    for(i=0;i<n-1;i++)
    {
        k=i;
        for(j=i+1;j<n;j++)
            if(strcmp(name[k],name[j])>0)
                k=j;
```

```
            if(k!=i)
            {
                pt=name[i];
                name[i]=name[k];
                name[k]=pt;
            }
        }
}
void print(char *name[],int n)
{
    int i;
    for (i=0;i<n;i++)
        printf("%s\n",name[i]);
}
```

该程序的功能是将 5 个国名按字母顺序排列后输出。在以前的例子中采用了普通的排序方法,逐个比较之后交换字符串的位置。交换字符串的物理位置是通过字符串复制函数完成的,反复的交换将使程序执行的速度很慢,同时由于各字符串(国名)的长度不同,又增加了存储管理的负担。

用指针数组能很好地解决这个问题。把所有的字符串存放在一个数组中,把这些字符数组的首地址放在一个指针数组中,当需要交换两个字符串时,只须交换指针数组相应两元素的内容(地址)即可,而不必交换字符串本身。

本程序定义了两个函数。sort 函数用于排序,形参 n 为字符串的个数,另一个形参为指针数组 name,即为待排序的各字符串数组的指针。另一个函数为 print,用于排序后字符串的输出,其形参与 sort 的形参相同。主函数 main 中,定义了指针数组 name 并作初始化赋值,然后分别调用 sort 函数和 print 函数完成排序和输出。值得说明的是,在 sort 函数中,对两个字符串比较采用了 strcmp 函数,strcmp 函数允许参与比较的字符串以指针方式出现。name[k]和 name[j]均为指针,因此是合法的。字符串比较后需要交换时,只交换指针数组元素的值,而不交换具体的字符串,这样将大大减少运行时间开销,提高运行效率。

7.3.2 指向指针的指针

如果一个指针变量存放的又是另一个指针变量的地址,则称这个指针变量为指向指针的指针变量。定义一个指向指针型数据的指针变量的一般形式为:

```
char **p;
```

p 前面有两个“*”号,相当于*(*p)。显然*p 是指针变量的定义形式,如果没有最前面的*,那就是定义了一个指向字符数据的指针变量。现在它前面又有一个*号,表示指针变量 p 是指向一个字符指针型变量的。*p 就是 p 所指向的另一个指针变量。

下面来看一个使用指向指针的指针的例子,大家可以自行分析其运行过程。

```
#include "stdio.h"
int main()
{
    char *name[] = {"Hello!","BASIC","Great Wall","FORTRAN",
                    "Computer"};
    char **p;
    int i;
    for(i=0;i<5;i++)
    {
        p=name+i;
        printf("%s\n",*p);
    }
}
```

7.3.3 main 主函数的参数

前面介绍的 main 函数都是不带参数的,因此 main 后面的括号都是空括号。实际上,主函数 main 可以带参数,这些参数可以认为是 main 函数的形式参数。C 语言规定,main 函数的参数只能有两个,这两个参数分别写为 argc 和 argv。因此,main 函数的函数头可写为:

```
main (argc,argv)
```

第一个形参 argc 必须是整型变量,第二个形参 argv 必须是指向字符串的指针数组。加上形参说明后,main 函数的函数头应写为:

```
main (int argc,char *argv[])
```

由于 main 函数不能被其他函数调用,因此不可能在程序内部取得实际值。那么,在何处把实参值赋予 main 函数的形参呢? 实际上,main 函数的参数值是从操作系统命令行上获得的。当要运行一个可执行文件时,在 DOS 提示符下键入文件名,再输入实际参数即可把这些实参传送到 main 函数的形参中去。DOS 提示符下命令行的一般形式为:

C:\>可执行文件名　参数　参数……;

但应该特别注意的是,main 函数的两个形参和命令行中的参数在位置上不是一一对应的。因为 main 函数的形参只有两个,而命令行中的参数个数原则上未加限制。argc 参数表示了命令行中参数的个数(注意文件名本身也算一个参数),argc 的值是在输入命令行时由系统按实际参数的个数自动赋予的。

例如,用户在 DOS 提示符下输入以下命令:

C:\>TEST　BASIC　CHINA　Hello!

由于文件名 C:\>TEST 本身也算一个参数,所以共有 4 个参数,因此 argc 取得的值为 4。argv 参数是字符串指针数组,其各元素值为命令行中各字符串(参数均按字符串处理)的首地址。指针数组的长度即为参数个数,数组元素初值由系统自动赋予。

下面来看一个 main 函数带参运行的例子。

```
#include "stdio.h"
int main(int argc,char *argv[])
{
    while(argc-- > 1)
        printf("%s\n", *++argv);
}
```

本例功能是显示命令行中输入的参数。如果上例的可执行文件名为 C:\>TEST.exe，输入的命令行为：

C:\TEST　BASIC　CHINA　Hello!

则运行结果为：

BASIC
CHINA
Hello!

因为该命令行共有 4 个参数，执行 main 函数时，argc 的初值自动赋值为 4。指针数据 argv 的 4 个元素分别为 4 个字符串的首地址。执行 while 语句，每循环一次 argv 值减 1，当 argv 等于 1 时停止循环，共循环 3 次，因此共输出 3 个参数。在 printf 函数中，由于打印项 * ++argv 是先加 1 再打印，因此第一次打印的是 argv[1]所指的字符串 BASIC，第二、三次循环分别打印 CHINA 和 Hello! 两个字符串。而第一个参数 C:\TEST 是文件名，没有输出。

总结点拨

本项目介绍了指针变量的定义、引用、运算方法，详细探讨了指针在数组、字符串、函数调用与返回中的应用。指针还可应用于各种构造类型数据处理和文件读写操作，将在后续项目中依次介绍。

指针是 C 语言的“灵魂”，是 C 语言的编程风格之一，能否灵活运用指针也是初学者和编程高手的主要区别。指针作为一种特殊类型，其引入目的同数组类似，也是为了处理批量数据。对于大批连续存储的数据，可通过指针访问地址取得其内容，然后修改指针进而连续访问相邻的数据，显然比逐一编程访问要方便得多。这是计算思维的重要内容之一，是设计高质量算法的常用思路，请大家仔细体会。

课后提升

一、单项选择题

1. 若有说明“int　i,j=7, * p=&i;”，则与“i=j;”等价的语句是(　　)。

A. i= * p;　　　　B. * p= * &j;　　　　C. i=&j;　　　　D. i= * * p;

2. 若有以下调用语句，则不正确的 fun 函数的首部是 (　　)。

```
main()
{ int a[50],n;
…
fun(n, &a[9]);
… }
```

A. void fun(int m, int x[ ])　　B. void fun(int s, int h[41])

C. void fun(int p, int *s)　　D. void fun(int n, int a)

3. 若有以下说明：

```
int  a[10]={1,2,3,4,5,6,7,8,9,10}, *p=a;
```

则数值为6的表达式是(　　)。

A. *p+6　　B. *(p+6)　　C. *p+=5　　D. p+5

4. 下面不能正确进行字符串赋值操作的语句是(　　)。

A. char s[5]={"ABCDE"};

B. char s[5]={'A','B','C','D','E'};

C. char *s;s="ABCDEF";

D. char *s; scanf("%s",s);

5. 若有以下定义和语句：

```
char  *s1="12345",*s2="1234";
printf("%d\n",strlen(strcpy(s1,s2)));
```

则输出结果是(　　)。

A. 4　　B. 5　　C. 9　　D. 10

6. 若有说明“int n=2,*p=&n,*q=p;”,则以下非法的赋值语句是(　　)。

A. p=q;　　B. *p=*q;　　C. n=*q;　　D. p=n;

7. 有如下说明：

```
int  a[10]={1,2,3,4,5,6,7,8,9,10},*p=a;
```

则数值为9的表达式是(　　)。

A. *p+9　　B. *(p+8)　　C. *p+=9　　D. p+8

8. 若有以下定义：

```
char  s[20]="programming",*ps=s;
```

则不能代表字符o的表达式是(　　)。

A. ps+2　　B. s[2]　　C. ps[2]　　D. *(ps+2)

9. 若有以下定义和语句：

```
int  a[10]={1,2,3,4,5,6,7,8,9,10},*p=a;
```

则不能表示a数组元素的表达式是(　　)。

A. *p　　B. a[10]　　C. *a　　D. a[p-a]

10. 设有如下定义：

```
int  arr[]={6,7,8,9,10};
int  *  ptr;
```

则下列程序段的输出结果为(　　)。

```
ptr=arr;
*(ptr+2)+=2;
printf ("%d,%d\n", *ptr, *(ptr+2));
```

A. 8,10　　B. 6,8　　C. 7,9　　D. 6,10

11. 执行以下程序段后,m 的值为(　　)。

```
int  a[2][3]={ {1,2,3},{4,5,6} };
int  m, *p;
p=&a[0][0];
m=( *p) *( *(p+2)) *( *(p+4));
```

A. 15　　B. 14　　C. 13　　D. 12

12. 以下程序运行后,输出结果是(　　)。

```
#include <stdio.h>
main()
{ char  *s="abcde";
s+=2;
printf("%ld\n",s);  }
```

A. cde　　B. 字符 c 的 ASCII 码值

C. 字符 c 的地址　　D. 出错

13. 若已定义"int a[9], *p=a;",并且在以后的语句中未改变 p 的值,不能表示 a[1]地址的表达式是(　　)。

A. p+1　　B. a+1　　C. a++　　D. ++p

14. 若有以下定义和语句:

```
double  r=99,  *p=&r;
*p=r;
```

则以下正确的叙述是(　　)。

A. 两处的 *p 含义相同,都说明给指针变量 p 赋值

B. 在"double r=99, *p=&r;"中,把 r 的地址赋值给了 p 所指的存储单元

C. 语句" *p=r;"把变量 r 的值赋给指针变量 p

D. 语句" *p=r;"取变量 r 的值放回 p 中

15. 若已定义:

```
int a[]={0,1,2,3,4,5,6,7,8,9}, *p=a,i;
```

其中 0≤i≤9, 则对 a 数组元素不正确的引用是(　　)。

A. a[p-a]　　B. *(&a[i])　　C. p[i]　　D. a[10]

16. 有如下程序段:

```
int  *p,a=10,b=1;
p=&a;  a= *p+b;
```

执行该程序段后,a 的值为(　　)。

A. 12　　B. 11　　C. 10　　D. 编译出错

17. 对于类型相同的两个指针变量之间,不能进行的运算是(　　)。

A. <　　B. =　　C. +　　D. -

18. 有以下程序:

```
#include <stdio.h>
point(char  *p)
{p+=3;}
main()
{  char  b[4]={'a','b','c','d'},*p=b;
point(p);printf("%c\n",*p);}
```

程序运行后的输出结果是(　　)。

A. a　　B. b　　C. c　　D. d

19. 以下程序:

```
#include <string.h>
main()
{ char  str[][20]={"Hello","Beijing"},*p=str;
printf("%d\n",strlen(p+20));  }
```

程序运行后的输出结果是(　　)。

A. 0　　B. 5　　C. 7　　D. 20

20. 已定义以下函数:

```
fun(char  *p2,  char  *p1)
{  while((*p2=*p1)!='\0'){  p1++;p2++;  }  }
```

函数的功能是　(　　)。

A. 将 p1 所指字符串复制到 p2 所指内存空间

B. 将 p1 所指字符串的地址赋给指针 p2

C. 对 p1 和 p2 两个指针所指字符串进行比较

D. 检查 p1 和 p2 两个指针所指字符串中是否有'\0'

21. 有以下程序段:

```
int  a[10]={1,2,3,4,5,6,7,8,9,10},*p=&a[3],b;
b=p[5];
```

b 中的值是(　　)。

A. 5　　B. 6　　C. 8　　D. 9

22. 有以下程序:

```
#include <stdio.h>
main()
{  int  a=7,b=8,*p,*q,*r;
p=&a;q=&b;
r=p;  p=q;q=r;
```

```
printf("%d,%d,%d,%d\n", *p, *q,a,b); }
```

程序运行后的输出结果是(　　)。

A. 8,7,8,7　　B. 7,8,7,8　　C. 8,7,7,8　　D. 7,8,8,7

23. 有以下程序：

```
#include <stdio.h>
main()
{char  str[][10]={"China","Beijing"}, *p=str;
printf("%s\n",p+10); }
```

程序运行后的输出结果是(　　)。

A. China　　B. Bejing　　C. ng　　D. ing

24. 有以下程序：

```
#include <stdio.h>
main()
{  int  a[3][3]={0}, *p,i;
p=&a[0][0];
for(i=0;i<9;i++) *p++=i;
for(i=0;i<3;i++)printf("%d",a[1][i]);}
```

程序运行后的输出结果是(　　)。

A. 012　　B. 123　　C. 234　　D. 345

25. 有以下程序：

```
#include <stdio.h>
main()
{  char  s[]="159", *p;
p=s;
printf("%c", *p++);printf("%c", *p++);  }
```

程序运行后的输出结果是(　　)。

A. 15　　B. 16　　C. 12　　D. 59

26. 以下正确表示指针型函数说明(声明)的是(　　)。

A. int *p(int a, int b)　　B. int(*p)()

C. int p(int *a,int *b)　　D. int(*p)(int a, int b)

27. 若有定义：

```
int  x=0,  *p=&x;,
```

则语句 printf("%d\n", *p);的输出结果是(　　)。

A. 随机值　　B. 0　　C. x 的地址　　D. p 的地址

28. 若有说明语句：

```
double  *p,a;
```

则能通过 scanf 语句正确给输入项读入数据的程序段是(　　)。

A. *p=&a;　scanf("%1f",p);　　B. *p=&a;　scanf("%f",p);

C. p=&a;　　scanf("%1f",*p);　　　　D. p=&a;　　scanf("%lf",p);

29. 有以下程序：

```
#include <stdio.h>
int  fun(char  s[])
{int  n=0;
while(*s<='9'&&*s>='0')  {n=10*n+*s-'0';s++;}
return(n);  }
main()
{char  s[10]={'6','1','*','4','*','9','*','0','*'};
printf("%d\n",fun(s));  }
```

程序运行的结果是(　　)。

A. 9　　　　B. 61490　　　　C. 61　　　　D. 5

30. 有以下程序：

```
#include <stdio.h>
void  fun(int  n,int  *p)
{  int  f1,f2;
if(n==1||n==2)  *p=1;
else
{  fun(n-1,&f1);  fun(n-2,&f2);  *p=f1+f2;}
}
main()
{  int  s;
fun(3,&s);  printf("%d\n",s);  }
```

程序的运行结果是(　　)。

A. 2　　　　B. 3　　　　C. 4　　　　D. 5

二、程序改错题

请纠正以下程序中的错误，以实现其相应的功能。

1. 求出从键盘上输入的字符串的实际长度，字符串中可能包含空格、跳格键等，但回车结束符不计入。

```
#include "stdio.h "
int lens(char s)
{
    char *p=s;
    while(p! ='\0')
        p++;
    return (p-s);
}
void main()
```

```
{
    char s[80];
    scanf("%s",s);
    printf("\"%s\" include %d characters. \n",s,len(s));
}
```

2. 统计一字符串中各个字母出现的次数,该字符串从键盘输入,统计时不区分大小写,数字、空格等特殊字符不作统计。

```
#include "stdio. h"
#include "string. h"
int main( )
{
  int i,a[26];
  char ch,str[80], * p=str;
  gets(&str);
  for(i=0;i<26;i++)
    a[i]=0;
  while( * p)
  {
      ch=( * p)++;
      if(ch>='A' && ch<='Z')
          a[ch-'A']++;
      if(ch>='a' && ch<='z')
          a[ch-'a']++;
  }
  for(i=0;i<26;i++)
      printf("%2c",'a'+i);
  printf("出现的次数为:\n");
  for(i=0;i<26;i++)
      printf("%2d",a[i]);
  printf("\n");
  }
```

三、程序填空题

请根据程序功能要求补充完善程序,以实现其相应的功能。

1. 一个二维数组每行存放一个学生的4科成绩,共有5名学生,要求算出每个学生的平均分并输出。

```
#include "stdio. h"
void avescore(int m[][4],float  * n);
void outdata(int ( * m)[4],float n[5]);
```

```
int main()
{
    int a[5][4]={{86,95,73,69},{68,88,64,83},{77,69,71,93},
                 {61,85,52,66},{84,70,73,93}};
    float b[5];
    avescore(a,b);     /*生成每名学生的成绩*/
    outdata(a,b);      /*输出所有学生的各科成绩及平均成绩*/
}
void avescore(int m[][4],float *n)    /*定义 avescore 函数*/
{
    int i,j;
    float  ave;
    for(i=0;i<5;i++)
    {
      ____________
      for(j=0;j<4;j++)
      ____________
      n[i]=ave/4;
    }
}
void outdata(int (*m)[4],float n[5])    /*定义 outdata 函数*/
{
    int i,j;
    printf("输出这个二维数组及每行的平均值为:\n");
    for(i=0;i<5;i++)
    {
        for(j=0;j<4;j++)
            printf("%-5d",m[i][j]);
        printf("此学生的平均成绩为:  %6.2f\n",n[i]);
    }
}
```

2. 输入若干字符串,找出首字母为 M 或 m 的字符串进行输出。

```
#include "stdio.h"
#include "string.h"
void find(char a[][100],int n);
____________________
int main()
{
```

```
    char  s[100][100], *p;
    int  i,n;
    n=getstr(s);  /*得到输入的字符串的个数*/
    find(s,n);    /*输出M或m开头的字符串*/
}
int getstr(char a[][100])
{
    int  n=0;
    ____________________
    while(strcmp(a[n],""))  /*当输入为空值时循环结束*/
    {
        n++;
        gets(a[n]);
    }
    return n;
}
void find(char a[][100],int n)
{
    int i;
    for (i=0;i<n;i++)
        ________________
        puts(a[i]);
}
```

四、程序编写题

请根据功能要求编写程序，并完成运行调试。

1. 使用指针变量编写程序，删除字符串中的数字字符。例如，输入字符串01ad2c3d5e78，则输出abcde。

2. 有一字符串a，内容为：My name is Li jilin.，另有字符串b，内容为：Mr. Zhang Haoling is very happy.。写一函数，将字符串b中从第5个到第17个字符复制到字符串a中，取代字符串a中第12个字符以后的字符，并输出新的字符串。

项目8　构造数据类型及应用

任务8.1　结构的定义与应用

【任务目标】

定义一个结构类型的数组并赋初值,编程输出学生的信息,并输出每位同学的平均成绩和总成绩。运行结果如图8-1所示。

```
五名同学的成绩表:
姓名      出生年月     语文        数学        英语        平均分      总分
张三      2000-8 -18    79          82          91          84          252
李四      2001-1 -25    73          78          81          77          232
王五      2000-4 -7     88          81          85          84          254
赵六      1999-11-17    77          95          69          80          241
钱七      1999-12-22    96          71          74          80          241
Press any key to continue
```

图8-1　任务8.1运行结果

【程序代码】

```
01  #include "stdio.h"
02  struct  birthday
03  {
04      int year;
05      int month;
06      int day;
07  };
08  struct student
09  {
10      char name[10];
11      struct birthday date;
12      int chinese;
13      int math;
14      int english;
15      int ave;
16      int sum;
17  }stu[5]={{"张三",2000,8,18,79,82,91},{"李四",2001,1,25,73,78,81},
18        {"王五",2000,4,7,88,81,85},{"赵六",1999,11,17,77,95,69},
19            {"钱七",1999,12,22,96,71,74}};
```

```
20  int main( )
21  {
22      char * p[10] = {"姓名","出生年月","语文","数学"
23      "英语","平均分","总分"};
24      int i;
25      for(i=0;i<5;i++)
26      {
27          stu[i].sum=stu[i].chinese+stu[i].math+stu[i].english;
28          stu[i].ave=(stu[i].sum)/3;
29      }
30      printf("五名同学的成绩表:\n");
31      for(i=0;i<7;i++)
32          printf("%-12s",p[i]);
33      for(i=0;i<5;i++)
34          printf("\n%-12s%-4d-%-2d-%-6d%-12d%
35          -12d%-12d%-12d%-12d",
36            stu[i].name,stu[i].date.year,stu[i].date.month,stu[i].date.day,
37            stu[i].chinese,stu[i].math,stu[i].english,stu[i].ave,stu[i].sum);
38      printf("\n");
39  }
```

【简要说明】

第02行:定义结构类型 birthday。

第08行:定义结构类型 student,嵌套包含结构 birthday。

第17行~第19行:定义结构数组 stu[5]并初始化,由于数据较多,分散到三行之中,因为C语言书写时对行不敏感。

第22行:定义指向字符串的指针数组,用于存储表头。

第25行~第29行:计算每位同学的总分和平均分。

第34行~第37行:屏幕输出信息较多造成语句较长,将一行语句分到了四行。

【相关知识】

8.1.1 结构类型与结构变量

在实际中,一组数据往往具有不同的数据类型。例如,在学生登记表中,姓名应为字符型,学号可为整型或字符型,年龄应为整型,性别应为字符型,成绩则应为整型或实型。显然,不能用一个数组来存放这些数据,因为数组中各元素的类型和长度都必须一致,以便于编译系统处理。为了解决这个问题,C语言中给出了另一种构造数据类型 struct,称作结构体或者结构。

8.1.1.1 **结构的定义**

结构是一种构造类型,它是由若干"成员"组成的。每一个成员可以是一个基本数据类型或者是一个构造类型。结构既然是一种"构造"而成的数据类型,那么在使用之前必须先进行定义,也就是"构造"它的组成,如同在说明和调用函数之前要先定义函数一样。定义一个结构的一般形式为:

```
struct 结构名
    {成员表列};
```

成员表列由若干个成员组成,每个成员都是该结构的一个组成部分,成员名的命名应符合标识符的命名规则,对每个成员也必须作类型说明,其形式为:

```
类型说明符 成员名;
```

例如:

```
struct stu
{
    int num;
    char name[20];
    char sex;
    float score;
};
```

在这个结构定义中,结构名为stu,该结构由4个成员组成。第一个成员为num,整型变量;第二个成员为name,字符数组;第三个成员为sex,字符变量;第四个成员为score,实型变量。应注意花括号后的分号是不可少的。结构定义之后,即可进行变量说明。凡说明为结构stu的变量都由上述4个成员组成。由此可见,结构是一种复杂的数据类型,是数目固定、类型不同的若干有序变量的集合。

8.1.1.2 **结构类型变量的说明**

说明结构变量有以下三种方法。此处以上面定义的stu为例来加以说明。

(1)先定义结构,再说明结构变量。例如:

```
struct  stu
{
    int num;
    char name[20];
    char sex;
    float score;
};
struct  stu  boy1,boy2;
```

说明了两个变量boy1和boy2,均为stu结构类型。也可以用宏定义使一个符号常量来表示一个结构类型。例如:

```
#define STU struct stu
STU
```

```
{
    int num;
    char name[20];
    char sex;
    float score;
};
STU boy1,boy2;
```

(2)在定义结构类型的同时说明结构变量。例如:

```
struct stu
{
    int num;
    char name[20];
    char sex;
    float score;
}boy1,boy2;
```

(3)直接说明结构变量。例如:

```
struct
{
    int num;
    char name[20];
    char sex;
    float score;
}boy1,boy2;
```

这种方法与第二种方法的区别在于省去了结构名,而直接给出结构变量。

说明了 boy1、boy2 变量为 stu 类型后,即可向这两个变量中的各个成员赋值。

在上述 stu 结构定义中,所有成员都是基本数据类型或数组类型。其实,成员也可以又是一个结构,即构成了嵌套的结构。例如:

```
struct date
{
    int month;
    int day;
    int year;
};
struct
{
    int num;
    char name[20];
    char sex;
```

```
        struct date birthday;
        float score;
    }boy1,boy2;
```

首先定义一个结构 date,由 month、day、year 三个成员组成。在定义并说明结构变量 boy1 和 boy2 时,其中的成员 birthday 被说明为 data 结构类型。

成员名可与程序中其他变量同名,互不干扰。

8.1.1.3 结构变量成员的引用

在程序中使用结构变量时,往往不把它作为一个整体来使用。除允许具有相同类型的结构变量相互赋值外,一般对结构变量的使用,包括赋值、输入、输出、运算等都是通过结构变量的成员来实现的。表示结构变量成员的一般形式是:

结构变量名.成员名

例如,在定义了如上的结构变量之后,其成员的引用方式如下:

```
boy1.num            //引用第一个人的学号
boy2.sex            //引用第二个人的性别
```

如果成员本身又是一个结构,则必须逐级找到最低级的成员才能使用。例如:

```
boy1.birthday.month
```

即第一个人出生的月份成员,可以在程序中单独使用,与普通变量的使用方法相同。

8.1.1.4 结构变量的赋值

结构变量的赋值就是给各成员赋值,可用输入语句或赋值语句来完成。例如:

```
#include "stdio.h"
int main()
{
    struct stu
    {
        int num;
        char *name;
        char sex;
        float score;
    } boy1,boy2;
    boy1.num=102;
    boy1.name="Zhang ping";
    printf("input sex and score\n");
    scanf("%c %f",&boy1.sex,&boy1.score);
    boy2=boy1;
    printf("Number=%d\nName=%s\n",boy2.num,boy2.name);
    printf("Sex=%c\nScore=%f\n",boy2.sex,boy2.score);
}
```

本程序中,用赋值语句给 num 和 name 两个成员赋值,name 是一个字符串指针变量。

用 scanf 函数动态地输入 sex 和 score 成员值，然后把 boy1 的所有成员的值整体赋予 boy2。最后分别输出 boy2 的各个成员值。

8.1.1.5 结构变量的初始化

和其他类型变量一样，结构变量可以在定义时进行初始化赋值。例如：

```
#include "stdio.h"
int main()
{
    struct stu        /*定义结构*/
    {
        int num;
        char *name;
        char sex;
        float score;
    }boy2,boy1={102,"Zhang ping",'M',78.5};
    boy2=boy1;
    printf("Number=%d\nName=%s\n",boy2.num,boy2.name);
    printf("Sex=%c\nScore=%f\n",boy2.sex,boy2.score);
}
```

本例中，boy2、boy1 均被定义为结构类型变量，并对 boy1 作了初始化赋值。在 main 函数中，把 boy1 的值整体赋予 boy2，然后用两个 printf 语句输出 boy2 各成员的值。

8.1.1.6 结构数组

如果数组的元素是结构类型的，即构成结构数组，结构数组的每一个元素都是具有相同结构类型的下标结构变量。在实际应用中，常用结构数组表示具有相同数据结构的一个群体，如一个班的学生档案，一个车间职工的工资表等。例如：

```
struct stu
{
    int num;
    char *name;
    char sex;
    float score;
}boy[5];
```

上例定义了一个结构数组 boy，共有 5 个元素，boy[0]～boy[4]。每个数组元素都具有 struct stu 的结构形式。对结构数组可以作初始化赋值，例如：

```
struct stu
{
    int num;
    char *name;
    char sex;
```

```
    float score;
}boy[5]={{101,"Li ping","M",45},{102,"Zhang ping","M",62.5},
{103,"He fang","F",92.5},{104,"Cheng ling","F",87},
{105,"Wang ming","M",58}};
```

当对全部元素作初始化赋值时,也可不给出数组长度。

下面来看一个结构数组具体应用的例子。

```
#include "stdio.h"
struct stu
{
    int num;
    char *name;
    char sex;
    float score;
}boy[5]={{101,"Li ping",'M',45},{102,"Zhang ping",'M',62.5},
{103,"He fang",'F',92.5},{104,"Cheng ling",'F',87},
{105,"Wang ming",'M',58}};
int main()
{
    int i,c=0;
    float ave,s=0;
    for(i=0;i<5;i++)
    {
        s+=boy[i].score;
        if(boy[i].score<60) c+=1;
    }
    printf("s=%f\n",s);
    ave=s/5;
    printf("average=%f\ncount=%d\n",ave,c);
}
```

本例程序中定义了一个外部结构数组 boy,共 5 个元素,并作了初始化赋值。在 main 函数中用 for 语句逐个累加各元素的 score 成员值存于 s 之中,如 score 的值小于 60 即将计数器 c 加 1,循环完毕后计算平均成绩,并输出全班总分、平均分及不及格人数。

8.1.2 结构与指针

8.1.2.1 指向结构变量的指针

一个指针变量当用来指向一个结构变量时,称为结构指针变量。结构指针变量的值是所指向的结构变量的首地址,通过结构指针可访问该结构变量,这与数组指针和函数指针的情况是相同的。结构指针变量说明的一般形式为:

struct 结构名 *结构指针变量名

例如,在前面的例题中定义了 stu 这个结构,如要说明一个指向 stu 的指针变量 pstu,可写为:

struct stu *pstu;

当然,也可在定义 stu 结构的同时说明 pstu。与前面讨论的各类指针变量相同,结构指针变量也必须要先赋值后才能使用。

赋值是把结构变量的首地址赋予该指针变量,不能把结构名赋予该指针变量。如果 boy 是被说明为 stu 类型的结构变量,则 pstu=&boy 是正确的,而 pstu=&stu 是错误的。

应该注意的是,结构名和结构变量是两个不同的概念,绝对不能混淆。结构名只能表示一个结构形式,编译系统并不对它分配内存空间。只有当某变量被说明为这种类型的结构时,才对该变量分配存储空间。因此,上面 &stu 这种写法是错误的,不可能去取一个结构名的首地址。

有了结构指针变量,就能更方便地访问结构变量的各个成员。其访问的一般形式为:

(*结构指针变量).成员名

或写为:

结构指针变量->成员名

例如,(*pstu).num 或者 pstu->num 实际访问的是同一个结构变量成员。

应该注意,(*pstu)两侧的括号不可少,因为成员符"."的优先级高于"*"。如去掉括号写作 *pstu.num 则等效于 *(pstu.num),意义就完全不同了。

下面通过例子来说明结构指针变量的使用方法。

```
#include "stdio.h"
struct stu
{
    int num;
    char *name;
    char sex;
    float score;
} boy1={102,"Zhang ping",'M',78.5},*pstu;
int main()
{
    pstu=&boy1;
    printf("Number=%d\nName=%s\n",boy1.num,boy1.name);
    printf("Sex=%c\nScore=%f\n\n",boy1.sex,boy1.score);
    printf("Number=%d\nName=%s\n",(*pstu).num,(*pstu).name);
    printf("Sex=%c\nScore=%f\n\n",(*pstu).sex,(*pstu).score);
    printf("Number=%d\nName=%s\n",pstu->num,pstu->name);
    printf("Sex=%c\nScore=%f\n\n",pstu->sex,pstu->score);
}
```

本例程序定义了一个结构 stu,定义了 stu 类型结构变量 boy1 并作了初始化赋值,还定义了一个指向 stu 类型结构的指针变量 pstu。在 main 函数中,pstu 被赋予 boy1 的地址,因此 pstu 指向 boy1。然后在 printf 语句内用三种形式输出 boy1 的各个成员值。

从运行结果可以看出,"结构变量.成员名"、"(*结构指针变量).成员名"、"结构指针变量->成员名"这三种表示结构变量成员的形式是完全等效的。

8.1.2.2 指向结构数组的指针

当然,指针变量也可以指向一个结构数组,这时结构指针变量的值是整个结构数组的首地址。结构指针变量也可指向结构数组的一个元素,这时结构指针变量的值是该结构数组元素的首地址。

假设 ps 为指向结构数组的指针变量,则 ps 也指向该结构数组的 0 号元素,ps+1 指向 1 号元素,ps+i 则指向 i 号元素。来看下面的程序。

```
#include "stdio.h"
struct stu
{
    int num;
    char *name;
    char sex;
    float score;
} boy[5]={{101,"Zhou ping",'M',45},{102,"Zhang ping",'M',62.5},
{103,"Liu fang",'F',92.5},{104,"Cheng ling",'F',87},
{105,"Wang ming",'M',58}};
int main()
{
    struct stu *ps;
    printf("No\tName\t\t\tSex\tScore\t\n");
    for(ps=boy;ps<boy+5;ps++)
        printf("%d\t%s\t\t%c\t%f\t\n",ps->num,ps->name,
        ps->sex,ps->score);
}
```

在程序中,定义了 stu 结构类型的外部数组 boy 并作了初始化赋值。在 main 函数内定义 ps 为指向 stu 类型的指针。在循环语句 for 的表达式 1 中,ps 被赋予 boy 的首地址,然后循环 5 次,输出 boy 数组中各成员值。

应该注意的是,一个结构指针变量虽然可以用来访问结构变量或结构数组元素的成员,但是,不能使它指向一个成员。也就是说,不允许取一个成员的地址来赋予它。

因此,下面的赋值是错误的:

```
ps=&boy[1].sex;
```

而只能写作:

```
ps=boy;              //赋予数组首地址
```

或者写作：

ps=&boy[0]；　//赋予 0 号元素首地址

8.1.2.3　结构指针变量作函数参数

在 C 语言中，允许用结构变量作函数参数进行整体传送，但是这种传送要将全部成员逐个传送，特别是成员为数组时将会使传送的时间和空间开销很大，严重地降低了程序的效率。此时，最好的办法就是使用指针，即用指针变量作函数参数进行传送，由于实参传向形参的只是地址，从而减少了时间和空间的开销。下面来看一个具体的例子。

```
#include "stdio.h"
struct stu
{
    int num;
    char *name;
    char sex;
float score;
}boy[5]={{101,"Li ping",'M',45},{102,"Zhang ping",'M',62.5},
{103,"He fang",'F',92.5},{104,"Cheng ling",'F',87},
{105,"Wang ming",'M',58}};
int main()
{
    struct stu *ps;
    void ave(struct stu *ps);
    ps=boy;
    ave(ps);
}
void ave(struct stu *ps)
{
    int c=0,i;
    float ave,s=0;
    for(i=0;i<5;i++,ps++)
      {
        s+=ps->score;
        if(ps->score<60) c+=1;
      }
    printf("s=%f\n",s);
    ave=s/5;
    printf("average=%f\ncount=%d\n",ave,c);
}
```

本程序中定义了函数 ave，其形参为结构指针变量 ps。boy 被定义为外部结构数组，因此在整个源程序中有效。在 main 函数中定义了结构指针变量 ps,并把 boy 的首地址赋予它,使 ps 指向 boy 数组。然后以 ps 作实参调用函数 ave,在函数 ave 中完成计算平均成绩和统计不及格人数的工作并输出结果。

由于本程序全部采用指针变量进行运算和处理,因此速度更快,程序效率更高。

任务 8.2　动态链表的应用

【任务目标】

动态开辟存储空间,将新建立的各个结点依次链接到链表中,然后按顺序输出学生的学号和姓名信息。运行结果如图 8-2 所示。

```
请输入学生的学号: 201901
请输入学生的姓名: Jack
请输入学生的学号: 201902
请输入学生的姓名: Tom
请输入学生的学号: 201903
请输入学生的姓名: Mary
请输入学生的学号: 0
数据全部输入完毕!
学生的学号: 201901  姓名: Jack
学生的学号: 201902  姓名: Tom
学生的学号: 201903  姓名: Mary
Press any key to continue
```

图 8-2　任务 8.2 运行结果

【程序代码】

```
01  #include "stdio.h"
02  #include "string.h"
03  #include "stdlib.h"
04  struct stu
05  {
06      int num;
07      char name[20];
08      struct stu  * next;
09  };
10  int main()
11  {
12      struct stu  * head, * p, * s,new;
13      head='\0';
14      head=malloc(sizeof(struct stu));
15      if(head==NULL)
```

```
16      {
            printf("内存不足,请返回!");
            return 0;
        }
20      head->next=NULL;
21      head->num=0;
22      p=head;
23      do
24      {
25          printf("请输入学生的学号:");
26          scanf("%d",&new.num);
27          if(new.num==0)
28              break;
29          printf("请输入学生的姓名:");
30          scanf("%s",new.name);
31          s=malloc(sizeof(struct stu));
32          if(s==NULL)
33          {
34              printf("内存不足,请返回!");
35              return 0;
36          }
37          strcpy(s->name,new.name);
38          s->num=new.num;
39          s->next=NULL;
40          p->next=s;
41          p=s;
42      } while(1);
43      printf("数据全部输入完毕! \n");
44      p=head->next;
45      while(p!=NULL)
46      {
47          printf("学生的学号:%d   姓名:%s\n",p->num,p->name);
48          p=p->next;
49      }
50  }
```

【简要说明】

第 08 行:指向下一结点的结构体指针。

第 13 行:创建一个空链表,并将头指针各参数初始化。先是初始化头指针,也可以用语句“head=NULL;”。

第 14 行:为头指针动态开辟存储空间。

第 22 行:准备在链表中插入结点,p 先指向头指针。

第 27 行:学号为 0 时循环结束。

第 31 行:开辟一个 stu 结构体类型的存储空间。

第 37 行:将姓名存入 s 结点中。

第 39 行:将 s 结点的指针域赋值为空。

第 40 行:将 s 结点连接到链表的结尾。

第 41 行:p 指向新产生的结点。

第 44 行:p 指向头结点,准备从头开始输出学生信息。

第 45 行:只要 p 所指向结点的指针域不为空,循环不结束。

第 48 行:p 指针逐个结点后移。

【相关知识】

8.2.1 动态存储空间分配

在数组一章中,曾介绍过数组的长度是预先定义好的,在整个程序中固定不变。C 语言中不允许动态数组类型,例如:

```
int n;
scanf("%d",&n);
int a[n];
```

用变量表示数组长度,想对数组的大小作动态说明,这是不允许的。但是在实际的编程中,往往会发生这种情况,即所需的内存空间取决于实际输入的数据,而无法预先确定。对于这种问题,用数组的办法很难解决。

为了解决上述问题,C 语言提供了一些内存管理函数,这些内存管理函数可以按需要动态地分配内存空间,也可把不再使用的空间释放待用,为有效地利用内存资源提供了手段。

常用的内存管理函数有以下三个。

(1)分配内存空间函数 malloc。调用形式为:

```
(类型说明符 *)malloc(size)
```

其功能为:在内存的动态存储区中分配一块长度为“size”字节的连续区域。函数的返回值为该区域的首地址。其中:

“类型说明符”表示把该区域用于存储何种数据类型。

“(类型说明符 *)”表示把返回值强制转换为该类型指针。

“size”是一个无符号数。

例如:

```
pc=(char *)malloc(100);
```

表示分配 100 个字节的内存空间,并强制转换为字符数组类型,函数的返回值为指向该字符数组的指针,把该指针赋予指针变量 pc。

(2)分配内存空间函数 calloc。调用形式为:

(类型说明符 *)calloc(n,size)

其功能为:在内存动态存储区中分配 n 块长度为"size"字节的连续区域。函数的返回值为该区域的首地址。

calloc 函数与 malloc 函数的区别仅在于一次可以分配 n 块区域。例如:

ps=(struct stu *)calloc(2,sizeof(struct stu));

其中的 sizeof(struct stu)是求 stu 的结构长度。

因此,该语句的功能是:按 stu 的长度分配两块连续区域,强制转换为 stu 类型,并把其首地址赋予指针变量 ps。

(3)释放内存空间函数 free。调用形式为:

free(void * ptr);

其功能为:释放 ptr 所指向的一块内存空间,ptr 是一个任意类型的指针变量,它指向被释放区域的首地址。被释放区应是由 malloc 或 calloc 函数所分配的区域。

下面来看一个具体的例子。

```
#include "stdio.h"
int main()
{
    struct stu
    {
      int num;
      char * name;
      char sex;
      float score;
    } * ps;
    ps=(struct stu * )malloc(sizeof(struct stu));
    ps->num=102;
    ps->name="Zhang ping";
    ps->sex='M';
    ps->score=62.5;
    printf("Number=%d\nName=%s\n",ps->num,ps->name);
    printf("Sex=%c\nScore=%f\n",ps->sex,ps->score);
    free(ps);
}
```

本例中,定义了结构 stu,同时定义 stu 类型指针变量 ps。然后分配一块 stu 类型所占空间大小的内存区,并把首地址赋予 ps,使 ps 指向该区域。再以 ps 为指向结构的指针变量对各成员赋值,并用 printf 输出各成员值。最后用 free 函数释放 ps 指向的内存空间。

整个程序包含了申请内存空间、使用内存空间、释放内存空间三个步骤,实现了存储空间的动态分配。

8.2.2 链表

在上面的程序中,采用了动态分配的办法为一个结构分配内存空间。每一次分配一块空间可用来存放一个学生的数据,可称为一个结点。有多少个学生就应该申请分配多少块内存空间,也就是说要建立多少个结点。当然用结构数组也可以完成上述工作,但是如果预先不能准确把握学生人数,也就无法确定数组大小。而且,当学生留级、退学之后也不能把该元素占用的空间从数组中释放出来。现在,采用动态存储的方法可以很好地解决这些问题。有一个学生就分配一个结点,无须预先确定学生的准确人数,某学生退学,可删去该结点,并释放该结点占用的存储空间,从而节约了宝贵的内存资源。另外,用数组的方法必须占用一块连续的内存区域。而使用动态分配时,每个结点之间可以是不连续的(当然结点内是连续的)。结点之间的联系可以用指针实现,即在结点结构中定义一个成员项用来存放下一结点的首地址,这个用于存放地址的成员,常把它称为指针域。

实际上,可在第一个结点的指针域存入第二个结点的首地址,在第二个结点的指针域内又存放第三个结点的首地址,如此串连下去,直到最后一个结点。最后一个结点中,因无后续结点连接,其指针域可赋值为0。这样一种连接方式,在数据结构中称为链表。

例如,一个存放学生学号和成绩的结点可设计为以下结构:

```
struct stu
{
    int num;
    int score;
    struct stu  * next;
}
```

前两个成员项组成数据域,最后一个成员项 next 构成指针域,它是一个指向 stu 类型结构的指针变量。

对链表的主要操作有以下几种:

(1)建立链表;

(2)结构的查找与输出;

(3)插入一个结点;

(4)删除一个结点。

下面通过一个实例来说明这些操作。

```
#define NULL 0
#define TYPE struct stu
#define LEN sizeof (struct stu)
struct stu
{
    int num;
```

```
        int age;
        struct stu  * next;
    };
    TYPE  * creat(int n)
    {
        struct stu  * head, * pf, * pb;
        int i;
        for(i=0;i<n;i++)
        {
            pb=(TYPE * ) malloc(LEN);
            printf("input Number and   Age\n");
            scanf("%d%d",&pb->num,&pb->age);
            if(i==0)
                pf=head=pb;
            else
                pf->next=pb;
            pb->next=NULL;
            pf=pb;
        }
        return(head);
    }
```

上述程序中,函数 creat 的作用是建立一个 n 个结点的链表,用于存放学生数据。为简单起见,假定学生数据结构中只有学号和年龄两项。

在函数外首先用宏定义对三个符号常量作了定义。这里用 TYPE 表示 struct stu,用 LEN 表示 sizeof(struct stu)的主要目的是在程序中简化书写,并使阅读更加方便。结构 stu 定义为外部数据类型,程序中的各个函数均可使用该定义。

函数 creat 用于建立一个有 n 个结点的链表,它是一个指针函数,它返回的指针指向 stu 结构。在 creat 函数内定义了 3 个 stu 结构的指针变量。head 为头指针,pf 为指向两相邻结点的前一结点的指针变量,pb 为后一结点的指针变量。

8.2.3　联合

联合又称为共用体,是与结构类型相近的一种自定义类型。与结构不同的是,它的各个成员共同占用同一存储空间。对联合的成员赋值时,新赋值的成员将覆盖原有成员的值。因此,联合中最大成员的大小决定了联合类型存储空间的大小。联合的定义形式为:

```
union 联合名
{
类型名　成员变量名 1;
类型名　成员变量名 2;
```

```
    ………
    类型名  成员变量名 n;
}
```

联合类型变量的引用方法与结构相同,可以通过"."和"->"来引用联合成员的值。形式如下:

    联合变量.成员名;
    联合类型指针变量->成员名;

来看一个联合类型定义及应用的例子。下面的程序首先定义了一个联合类型,然后定义了一个联合类型的变量,并分别对其3个成员赋值,最后输出各成员的值。

```
#include "stdio.h"
union num
{
    char c[10];
    int n[2];
    float f;
};
int main()
{
    union num x;
    printf("请输入字符串\n");
    scanf("%s",&x.c);
    printf("字符串为:%s\n",x.c);
    printf("请输入两个整数\n");
    scanf("%d,%d",&x.n[0],&x.n[1]);
    printf("x.n[0]的值为:%d\n  x.n[1]的值为:%d\n",x.n[0],x.n[1]);
    printf("请输入一个浮点数\n");
    scanf("%f",&x.f);
    printf("浮点类型 f 的值为:%f\n",x.f);
}
```

任务 8.3 枚举类型的应用

【任务目标】

定义一个枚举类型,然后输入待查询的月份,之后输出所查询的每个月份的天数。运行结果如图 8-3 所示。

【程序代码】

```
01  #include "stdio.h"
02  enum month {Jan=1,Feb,Mar,Apr,May,Jun,Jul,Aug,Sep,Oct,Nov,Dec};
```

```
请输入要查询月份个数:
2
输入月份(1~12):
6
6月有30天
输入月份(1~12):
10
10月有31天
Press any key to continue
```

图 8-3 任务 8.3 运行结果

```
03  int main()
04  {
05      enum month mon;
06      int i,n;
07      printf("请输入要查询月份个数:\n");
08      scanf("%d",&n);
09      for(i=0;i<n;i++)
10      {
11          printf("输入月份(1~12):\n");
12          scanf("%d",&mon);
13          switch(mon)
14          {
15              case Jan:  case Mar:  case May:  case Jul:
16              case Aug:  case Oct:  case Dec:
17                  printf("%d 月有%d 天\n",mon,31);
18                  break;
19              case Feb:
20                  printf("%d 月有%d 天\n",mon,28);
21                  break;
22              case Apr:  case Jun:  case Sep:  case Nov:
23                  printf("%d 月有%d 天\n",mon,30);
24                  break;
25              default:
26                  printf("输入数据有误!");
27                  break;
28          }
29      }
30  }
```

【简要说明】

第02行:定义枚举类型,其值分别对应1~12。

第05行:定义枚举类型变量。

第08行:先确定要查询几个月份。

第12行:输入欲查询的月份。

第15、16行:共有7个月份的天数为31天。

第22行:共有4个月份有30天。

第27行:因为是最后一个分支,故其break语句可以省略。

【相关知识】

8.3.1 枚举

8.3.1.1 枚举类型的概念

在实际中,有些变量的取值被限定在一个有限的范围内。例如,一个星期内只有7天,一年只有12个月,一个班每周有6门课程等等。如果把这些量说明为整型、字符型或其他类型显然是不妥当的。为此,C语言提供了一种称为枚举的类型。在枚举类型的定义中,列举出所有可能的取值,被说明为该枚举类型的变量取值不能超过定义的范围。

应该说明的是,枚举类型是一种基本数据类型,而不是一种构造类型,因为它不能再分解为任何基本类型。

8.3.1.2 枚举类型的定义

枚举类型定义的一般形式为:

enum 枚举名{ 枚举值表 };

在枚举值表中应罗列出所有可用值,这些值也称为枚举元素。例如:

```
enum weekday {Sun,Mon,Tue,Wed,Thu,Fri,Sat};
```

该枚举名为weekday,枚举值共有7个,即一周中的7天。凡被说明为weekday类型变量的取值只能是7天中的某一天。

8.3.1.3 枚举变量的说明

如同结构和联合一样,枚举变量也可用不同的方式说明,即先定义后说明,定义的同时说明或者直接说明。

设有变量a、b、c,要求被说明为上述的weekday枚举类型,可采用下述任一种方式:

```
enum weekday {Sun,Mon,Tue,Wed,Thu,Fri,Sat};
enum weekday a,b,c;
```

或者为:

```
enum weekday {Sun,Mon,Tue,Wed,Thu,Fri,Sat} a,b,c;
```

或者为:

```
enum {Sun,Mon,Tue,Wed,Thu,Fri,Sat} a,b,c;
```

8.3.1.4 枚举类型变量的使用

枚举类型在使用中有以下规定:

(1)枚举值是常量,不是变量,不能在程序中用赋值语句再对它赋值。

(2)枚举元素本身由系统定义了一个表示序号的数值,一般从 0 开始,其后顺序加 1。比如在上面定义的 weekday 中,Sun 值为 0,Mon 值为 1,…,Sat 值为 6。

不过,枚举元素的值也可以自行定义,例如:

```
enum weekday {Sun=11,Mon=22,Tue=33,Wed,Thu,Fri,Sat};
```

经此定义后,Sun 值为 11,Mon 值为 22,Tue 值为 33,Wed 值为 34,Thu 值为 35,Fri 值为 36,Sat 值为 37。

(3)只能把枚举值赋予枚举变量,不能把元素的数值直接赋予枚举变量。

例如,定义了上述的枚举类型 weekday,并声明了枚举类型变量 a、b、c 后,作如下的赋值:

```
a=Sun;   b=Mon;   c=Sat;
```

是正确的。然而:

```
a=0;   b=1;   c=6;
```

却是错误的。

(4)枚举元素不是字符常量,也不是字符串常量,使用时不要加单、双引号。

下面来看一个枚举应用的具体例子,程序比较简单,运行结果大家可以自行分析。

```
#include "stdio.h"
int main( )
{
    enum body{ a,b,c,d } month[31],j;
    int i;
    j=a;
    for(i=1;i<=30;i++)
    {
        month[i]=j;
        j++;
        if (j>d)
            j=a;
    }
    for(i=1;i<=30;i++)
    {
        switch(month[i])
        {
        case a:
            printf(" %2d   %c\t",i,'a');
            break;
        case b:
            printf(" %2d   %c\t",i,'b');
```

```
                break;
            case c:
                printf(" %2d  %c\t",i,'c');
                break;
            case d:
                printf(" %2d  %c\t",i,'d');
                break;
            default:
                break;
            }
        }
    printf("\n");
}
```

8.3.2 类型定义

C语言不仅提供了丰富的数据类型,而且还允许由用户自己定义类型说明符,也就是说允许由用户为数据类型取“别名”,类型定义符 typedef 即可用来完成此功能。

typedef 定义的一般形式为:

```
typedef 原类型名 新类型名;
```

其中,原类型名中含有定义部分,新类型名一般用大写表示,以便于区别。

例如,有整型量 a,b,其说明如下:

```
int a,b;
```

其中,int 是整型变量的类型说明符。

int 的完整写法为 integer,为了增加程序的可读性,可把整型说明符用 typedef 定义为:

```
typedef int INTEGER;
```

这以后就可用 INTEGER 来代替 int 作整型变量的类型说明了。例如:

```
INTEGER a,b;
```

它等效于:

```
int a,b;
```

用 typedef 定义数组、指针、结构等类型将带来很大的方便,不仅使程序书写简单,而且使意义更为明确,因而增强了可读性。例如:

```
typedef struct stu
{
    char name[20];
    int age;
    char sex;
} STU;
```

定义 STU 表示 stu 的结构类型,然后可用 STU 来说明结构变量:

STU body1,body2;

有时也可用宏定义来代替 typedef 的功能,但是宏定义是由预处理完成的,而 typedef 则是在编译时完成的,后者更为灵活方便。

总结点拨

本项目介绍了结构、联合、枚举等构造数据类型的基本概念,重点分析了结构的定义、变量说明、成员引用、赋值与初始化方法,然后引出计算机中应用最广泛的数据结构——动态链表。

C 语言的构造数据类型无疑是极为丰富的,数组与结构、结构与联合、联合与枚举,既有区别又有联系,既有类似又有不同。引入如此众多构造类型的目的,就是为了分类管理数据,分类组织数据的存取。从经典公式"数据结构+算法=程序"来看,要编写出高质量的程序,算法设计固然重要,数据结构的组织同样不可忽视,甚至比算法设计更要引起注意。

课后提升

一、单项选择题

1. 定义以下结构体类型

```
struct   s
{ char   b;
  float   f;  };
```

则语句 printf("%d",sizeof(struct   s))的输出结果为(　　)。

A. 3　　　　B. 5　　　　C. 6　　　　D. 4

2. 当定义一个结构体变量时,系统为它分配的内存空间是(　　)。

A. 结构中一个成员所需的内存容量

B. 结构中第一个成员所需的内存容量

C. 结构体中占内存容量最大者所需的容量

D. 结构中各成员所需内存容量之和

3. 定义以下结构体数组

```
struct c
{ int x;
  int y;
} s[2]={1,3,2,7};
```

之后,语句 printf("%d",s[0].x * s[1].x)的输出结果为(　　)。

A. 14　　　　B. 6　　　　C. 2　　　　D. 21

4. 下面程序的运行结果是(　　)。

```
#include "stdio.h"
```

```
struct  KeyWord
{ char Key[20];
  int ID;
} kw[]={"void",1,"char",2,"int",3,"float",4,"double",5};
main()
{ printf("%c,%d\n",kw[3].Key[0], kw[3].ID); }
```

A. i,3　　B. n,3　　C. f,4　　D. l,4

5. 如果有下面的定义和赋值,则使用(　　)不可以输出n中data的值。

```
struct  SNode
{ unsigned id;
  int data;
}n, *p;
p=&n;
```

A. p. data　　B. n. data　　C. p->data　　D. (*p). data

6. 根据下面的定义,能输出Mary的语句是(　　)。

```
struct person
{ char name[9];
  int age;};
struct person class[5]={"John",17,"Paul",19,"Mary",18,"Adam",16};
```

A. printf("%s\n",class[1]. name);　　B. printf("%s\n",class[2]. name);

C. printf("%s\n",class[3]. name);　　D. printf("%s\n",class[0]. name);

7. 定义以下结构体数组

```
struct date
{ int year;
  int month;
  int day; };
struct s
{ struct date birthday;
  char name[20];
} x[4]={{2008, 10, 1, "guangzhou"}, {2009, 12, 25, "Tianjin"}};
```

之后,语句 printf("%s,%d\n",x[0]. name,x[1]. birthday. year);的输出结果为(　　)。

A. guangzhou,2009　　B. guangzhou,2008

C. Tianjin,2008　　D. Tianjin,2009

8. 运行下列程序段,输出结果是(　　)。

```
struct country
{ int num;
  char name[20];
```

```
}x[5]={1, "China", 2, "USA", 3, "France", 4, "England", 5, "Spanish"};
struct country  *p;
p=x;
printf("%d,%s",p->num,x[0].name);
```

A. 1, China　　B. 2, USA　　C. 3, France　　D. 4, England

9. 定义以下结构体数组

```
struct
{ int num;
  char name[10];
}x[3]={1,"china",2,"USA",3,"England"};
```

之后,语句 printf("\n%d,%s",x[1].num,x[2].name)的输出结果为(　　)。

A. 1,china　　B. 2,USA　　C. 2,England　　D. 1,USA

10. 运行下列程序,输出结果是(　　)。

```
#include "stdio.h"
struct   contry
{ int   num;
   char   name[20];
}x[5]={1,"China",2,"USA",3,"France",4,"England",5,"Spanish"};
main()
{ int i;
   for   (i=3;i<4;i++)
   printf("%d,%c",x[i].num,x[i].name[0]);}
```

A. 3,France　　B. 3,F　　C. 4,England　　D. 4,E

二、程序改错题

请纠正以下程序中的错误,以实现其相应的功能。

1. 定义一个结构体变量并存储5个国家的序号和国家名,然后输出最后3个国家的序号和国家名。

```
#include "stdio.h "
struct   contry
{
     int   num;
     char   name[20];
}x[5]={1,"China",2,"USA",3,"France",4,"England",5,"Spanish"};
int main()
{
     int i;
     for   (i=3;i<5;i++)
     printf("%d%c",x[i].num,x[i].name[0]);
```

```
}
```

2. 定义一个学生结构体,输出学生的学号、姓名及成绩。

```
#include "stdio.h"
#include "string.h"
int main( )
{
    struct student
    {
        int num;
        char name[20];
        float score;
    };
    student.num=1001;
    strcpy(student.name,"wanghao");
    student.score=80;
    printf("%d   %s   %d\n",student.num,student.name,student.score);
}
```

三、程序填空题

请根据程序功能要求补充完善程序,以实现其相应的功能。

1. 结构数组中存有3人的姓名和年龄,以下程序输出3人中最年长者的姓名和年龄。

```
#include "stdio.h"
static struct man
{
    char name[20];
    int age;
} person[]={"li=ming",18,"wang-hua",19,"zhang-ping",20};
int main( )
{
    struct man  *p, *q;
    int old=0;
    p=person;
    for(   ;p__________;p++)
        if(old<p->age)
        {
            q=p;
            __________;
        }
    printf("%s %d",__________);
```

```
}
```

2. 定义一个枚举类型,为第一个枚举成员赋值为1,然后定义一个枚举型数组并通过枚举成员为之赋值,输出各数组元素的值。运行结果为:1　2　3　4　1　2　3　4。

```
#include "stdio.h"
int main()
{
    enum body {a=1,b,c,d} num[8],j;
int i;
    __________
    for(i=0;i<8;i++)
    {
        num[i]=j;
        __________
        if(j>d)
            j=a;
    }
    printf("依次输出各数组元素的值为:\n");
    for(i=0;i<8;i++)
        printf("%-5d",num[i]);
}
```

四、程序编写题

请根据功能要求编写程序,并完成运行调试。

1. 输入两个学生的学号、姓名和成绩,输出成绩较高学生的学号、姓名和成绩。

2. 有3个候选人,每个选民只能投票选1人,要求编一个统计选票的程序,先后输入被选人的名字,最后输出各人得票结果。

项目 9 文件操作及应用

任务 9.1 文件的基本操作

【任务目标】

编写一段程序，从键盘读入数据，并将这些数据写入文件 test 中，之后再将它们从 test 文件中读出并显示在屏幕上。运行结果如图 9-1 所示。

```
请输入数据:
abcdefghijklmnopqrstuvwxyz
^Z

从文件中读取数据进行输出:
abcdefghijklmnopqrstuvwxyz
Press any key to continue
```

图 9-1 任务 9.1 运行结果

【程序代码】

```
01 #include "stdio.h"
02 #include "stdlib.h"
03 void main ( )
04 {
05     FILE  *fp ;
06     int n=0;
07     char  ch,s[100];
08     printf("请输入数据:\n");
09     if((fp=fopen("test","w"))==NULL)
10     {
11         printf("不能打开文件! \n");
12         exit(0);
13     }
14     while((ch=getchar( ))!=EOF)
15     {
16         fputc(ch,fp) ;
17         n++;
18     }
19     fclose(fp) ;
```

```
20    printf("\n从文件中读取数据进行输出:\n") ;
21    if((fp=fopen("test","r"))==NULL)
22    {
23        printf("不能打开文件! \n");
24        exit(0);
25    }
26    else
27        fgets(s,n,fp);
28    printf("%s",s);
29    printf("\n");
30 }
```

【简要说明】

第05行:定义文件型指针变量fp。

第06行:用来统计存入的字符串的字符个数。

第09行:以只写w的方式打开文件test。

第14行:判断EOF结束字符的输入。EOF(End Of File)的输入是指使用组合键Ctrl+Z,也有系统用Ctrl+D。

第16行:使用fputc函数将读取的字符逐个写入fp指定的文件中。

第19行:关闭fp指定的文件。

第21行:以只读r的方式打开文件test。

第27行:使用fgets函数从fp所指文件中读n个字符存入s数组中。

【相关知识】

9.1.1 文件概述

所谓文件,是指一组相关数据的有序集合。这个数据集合有一个名称,就是文件名。实际上在前述项目中已经多次使用了文件,例如源程序文件、目标文件、可执行文件、库文件、头文件,等等。文件通常是驻留在外部介质(如磁盘等)上的,在使用时才调入内存中。从不同的角度可对文件进行不同的分类。

从用户的角度看,文件可分为普通文件和设备文件两种。

普通文件是指驻留在磁盘或其他外部介质上的一个有序数据集,可以是源文件、目标文件、可执行程序,也可以是一组待输入处理的原始数据,或者是一组输出的结果。对于源文件、目标文件、可执行程序可以称作程序文件,对输入输出数据可称作数据文件。

设备文件是指与主机相联的各种外部设备,如显示器、打印机、键盘等。在操作系统中,把外部设备也看作是一个文件来进行管理,把它们的输入、输出等同于对磁盘文件的读和写。通常把显示器定义为标准输出文件,一般情况下在屏幕上显示有关信息就是向标准输出文件输出。比如前面经常使用的printf、putchar函数就是这类输出。键盘通常被看作标准的输入文件,从键盘上输入就意味着从标准输入文件上输入数据,比如 scanf、getchar 函数就属于这类输入。

从文件编码的方式来看,文件可分为 ASCII 码文件和二进制码文件两种。

ASCII 码文件也称为文本文件,这种文件在磁盘中存放时每个字符对应一个字节,用于存放对应的 ASCII 码。例如,数 5678 的存储形式为:

ASCII 码:	00110101	00110110	00110111	00111000
	↓	↓	↓	↓
十进制码:	5	6	7	8

共占用 4 个字节。

ASCII 码文件可在屏幕上按字符显示,例如源程序文件就是 ASCII 文件,用 DOS 命令 TYPE 可显示文件的内容。由于是按字符显示,因此能读懂文件内容。

二进制码文件是按二进制的编码方式来存放文件的。例如,数 5678 的存储形式为:

00010110 00101110

只占两个字节。

二进制码文件虽然也可在屏幕上显示,但其内容无法读懂。

C 系统在处理文件时,并不区分类型,都看成是字符流,按字节进行处理。输入输出字符流的开始和结束只由程序控制而不受物理符号(如回车符)的控制。因此也把这种文件称作"流式文件"。

9.1.2 文件指针

在 C 语言中,用一个指针变量指向一个文件,这个指针称为文件指针。通过文件指针就可对它所指的文件进行各种操作。定义说明文件指针的一般形式为:

FILE *指针变量标识符;

其中,FILE 应为大写,它实际上是由系统定义的一个结构,该结构中含有文件名、文件状态和文件当前位置等信息。在编写源程序时,不必关心 FILE 结构的细节。例如:

FILE *fp;

表示 fp 是指向 FILE 结构的指针变量,通过 fp 即可找到存放某个文件信息的结构变量,然后按结构变量提供的信息找到该文件,实施对文件的操作。习惯上也笼统地把 fp 称为指向一个文件的指针。

9.1.3 文件的打开与关闭

文件在进行读写操作之前要先打开,使用完毕要关闭。所谓打开文件,实际上是建立文件的各种有关信息,并使文件指针指向该文件,以便进行其他操作。关闭文件则是断开指针与文件之间的联系,禁止再对该文件进行操作。

9.1.3.1 文件的打开

fopen 函数用来打开一个文件,其调用的一般形式为:

文件指针名=fopen(文件名,文件使用方式);

其中,"文件指针名"必须是被说明为 FILE 类型的指针变量;"文件名"是被打开的文件

名;"文件使用方式"是指文件的类型和操作要求。

"文件名"是字符串常量或字符串数组。例如:

```
FILE  * fp;
fp = ("file a","r");
```

其意义是在当前目录下打开文件 file a,只允许进行"读"操作,并使 fp 指向该文件。又如:

```
FILE  * fphzk
fphzk = ("C:\\hzk16","rb")
```

其意义是打开驱动器 C 盘根目录下的文件 hzk16,这是一个二进制文件,只允许按二进制方式进行读操作。两个反斜线"\\"中的第一个表示转义字符,第二个表示根目录。

文件的使用方式共有 12 种,它们的符号和意义如表 9-1 所示。

表 9-1　文件的使用方式

符号	文件的使用方式
rt	只读方式打开一个文本文件,只允许读数据
wt	只写方式打开或建立一个文本文件,只允许写数据
at	追加方式打开一个文本文件,并在文件末尾写数据
rb	只读方式打开一个二进制文件,只允许读数据
wb	只写方式打开或建立一个二进制文件,只允许写数据
ab	追加方式打开一个二进制文件,并在文件末尾写数据
rt+	读写方式打开一个文本文件,允许读和写
wt+	读写方式打开或建立一个文本文件,允许读写
at+	读写方式打开一个文本文件,允许读写,或在文件末追加数据
rb+	读写方式打开一个二进制文件,允许读和写
wb+	读写方式打开或建立一个二进制文件,允许读和写
ab+	读写方式打开一个二进制文件,允许读写,或在文件末追加数据

对于文件使用方式,需要说明以下几点:

(1)文件使用方式由 r、w、a、t、b、+六个字符拼成,各字符的含义是:

r(read):　　读出
w(write):　　写入
a(append):　　追加
t(text):　　文本文件(可省略 t)
b(binary):　　二进制文件
+:　　读和写

(2)凡用"r"打开一个文件时,该文件必须已经存在,且只能从该文件读出。

(3)用"w"打开的文件只能向该文件写入。若打开的文件不存在,则以指定的文件名建立该文件,若打开的文件已经存在,则将该文件删去,重建一个新文件。

(4)若要向一个已存在的文件追加新的信息,只能用“a”方式打开文件。但此时该文件必须是存在的,否则将会出错。

(5)在打开一个文件时,如果出错,fopen 将返回一个空指针值 NULL。在程序中,可以用这一信息来判别是否完成打开文件的工作,并进行相应的处理。因此,常用以下程序段打开文件:

```
if((fp=fopen("C:\\hzk16","rb")= =NULL)
{
    printf("\nerror on open C:\\hzk16 file!");
    getchar();
    exit(1);
}
```

这段程序的意义是:如果返回的指针为空,表示不能打开 C 盘根目录下的 hzk16 文件,则给出提示信息“error on open C:\ hzk16 file!”。下一行 getchar()的功能是从键盘输入一个字符,但不在屏幕上显示。在这里,该行的作用是等待,只有当用户从键盘上敲任一键时,程序才继续执行,因此用户可利用这个等待时间阅读出错提示。用户敲键后,执行 exit(1)退出程序。

(6)把一个文本文件读入内存时,要将 ASCII 码转换成二进制码,而把文件以文本方式写入磁盘时,也要把二进制码转换成 ASCII 码,因此文本文件的读写要花费较多的转换时间。对二进制文件的读写不存在这种转换。

(7)标准输入文件(键盘)、标准输出文件(显示器)、标准出错输出(出错信息)是由系统打开的,可直接使用。

9.1.3.2 文件的关闭

文件一旦使用完毕,可用函数 fclose 把文件关闭,以避免造成文件的数据丢失等错误。fclose 函数调用的一般形式是:

fclose(文件指针);

例如,已经打开了一个文件,其文件指针是 fp,若要关闭此文件则应:

fclose(fp);

正常完成关闭文件操作时,fclose 函数返回值为 0;如返回非零值,则表示有错误发生。

9.1.4 文件的读写

对文件的读和写是最常用的文件操作,在 C 语言中提供了多种文件读写库函数,使用这些函数都要求包含头文件 stdio.h。

9.1.4.1 读字符函数 fgetc

fgetc 函数的功能是从指定的文件中读一个字符,函数调用的形式为:

字符变量=fgetc(文件指针);

例如:

```
ch=fgetc(fp);
```

其意义是从打开的文件 fp 中读取一个字符并送入 ch 中。

对于 fgetc 函数的使用,需要注意以下几点:

(1)在 fgetc 函数调用中,读取的文件必须是以读或读写方式打开的。

(2)读取字符的结果可以不向字符变量赋值,例如:

```
fgetc(fp);
```

这样仅是读出字符,但读出的字符不能保存。

(3)在文件内部有一个位置指针,用来指向文件的当前读写字节。在文件打开时,该指针总是指向文件的第一个字节。使用 fgetc 函数后,该位置指针将向后移动一个字节。因此,可连续多次使用 fgetc 函数,读取多个字符。应当注意,文件指针和文件内部的位置指针不是一回事。文件指针是指向整个文件的,须在程序中定义说明,只要不重新赋值,文件指针的值是不变的。文件内部的位置指针用以指示文件内部的当前读写位置,每读写一次,该指针均向后移动,它不需在程序中定义说明,而是由系统自动设置的。

下面来看一个字符读取的例子。

```
#include <stdio.h>
int main()
{
    FILE *fp;
    char ch;
    if((fp=fopen("d:\\example\\c1.txt","rt"))==NULL)
    {
        printf("\nCannot open file strike any key exit!");
        getchar();
        exit(1);
    }
    ch=fgetc(fp);
    while(ch!=EOF)
    {
        putchar(ch);
        ch=fgetc(fp);
    }
    fclose(fp);
}
```

本例程序的功能是从文件中逐个读取字符,并在屏幕上显示。程序定义了文件指针 fp,以读文本文件方式打开 d:\example\c1.txt 文件,并使 fp 指向该文件。如打开文件出错,给出提示并退出程序。若打开文件正常则继续,先读出一个字符,然后进入循环,只要读出的字符不是文件结束标志 EOF(每个文件末有一结束标志)就把该字符显示在屏幕上,再读入下一字符。每读一次,文件内部的位置指针向后移动一个字符,文件结束时该指针指向 EOF。因此,执行本程序将显示整个文件。

9.1.4.2 **写字符函数 fputc**

fputc 函数的功能是把一个字符写入指定的文件中,函数调用的形式为:

fputc(字符量,文件指针);

其中待写入的字符量可以是字符常量或变量,例如:

fputc('a',fp);

其意义是把字符 a 写入 fp 所指向的文件中。

对于 fputc 函数的使用,也要说明几点:

(1)被写入的文件可以用写、读写、追加方式打开,用写或读写方式打开一个已存在的文件时将清除原有的文件内容,写入字符从文件首开始。如需保留原有文件内容,希望写入的字符从文件末尾开始存放,必须以追加方式打开文件。被写入的文件若不存在,则创建该文件。

(2)每写入一个字符,文件内部位置指针向后移动一个字节。

(3)fputc 函数有一个返回值,如写入成功则返回写入的字符。否则,将返回一个 EOF,可用此来判断写入是否成功。

下面程序是从键盘输入一行字符,写入一个文件,再把该文件内容读出显示在屏幕上。

```
#include <stdio.h>
int main()
{
    FILE *fp;
    char ch;
    if((fp=fopen("d:\\example\\c2.txt","wt+"))==NULL)
    {
        printf("Cannot open file strike any key exit!");
        getchar();
        exit(1);
    }
    printf("input a string:\n");
    ch=getchar();
    while (ch!='\n')
    {
        fputc(ch,fp);
        ch=getchar();
    }
    rewind(fp);
    ch=fgetc(fp);
    while(ch!=EOF)
```

```
    {
        putchar(ch);
        ch=fgetc(fp);
    }
    printf("\n");
    fclose(fp);
}
```

该程序中,先以读写文本文件方式打开文件,然后从键盘读入一个字符后进入循环,当读入字符不为回车符时,则把该字符写入文件之中,然后继续从键盘读入下一字符。每输入一个字符,文件内部位置指针向后移动一个字节。写入完毕,该指针已指向文件末。如要把文件从头读出,须把指针移向文件头,程序中的 rewind 函数用于把 fp 所指文件的内部位置指针移到文件头。最后,读出文件中的所有内容并显示在屏幕上。

9.1.4.3　**读字符串函数 fgets**

函数 fgets 的功能是从指定的文件中读一个字符串到字符数组中,调用的一般形式为:

fgets(字符数组名,n,文件指针);

其中的 n 是一个正整数,表示从文件中读出的字符串不超过 n-1 个字符。在读入的最后一个字符后加上串结束标志'\0'。例如:

fgets(str,n,fp);

功能是从 fp 所指的文件中读出 n-1 个字符送入字符数组 str 中。

下面的程序是从 d:\example\s1.txt 文件中读入一个含 10 个字符的字符串。

```
#include <stdio.h>
int main()
{
    FILE *fp;
    char str[11];
    if((fp=fopen("d:\\example\\s1.txt","rt"))==NULL)
    {
        printf("\nCannot open file strike any key exit!");
        getchar();
        exit(1);
    }
    fgets(str,11,fp);
    printf("\n%s\n",str);
    fclose(fp);
}
```

本例定义了一个字符数组 str,共 11 个字节,在以读文本文件方式打开文件后,从中读出 10 个字符送入 str 数组,在数组最后一个单元内将加上'\0',然后在屏幕上显示输出

str 数组。

对 fgets 函数,需要说明以下两点:

(1)在读出 n-1 个字符之前,如遇到了换行符或 EOF,则读出结束。

(2)fgets 函数也有返回值,其返回值是字符数组的首地址。

9.1.4.4 写字符串函数 fputs

函数 fputs 的功能是向指定的文件写入一个字符串,其调用形式为:

fputs(字符串,文件指针);

其中字符串可以是字符串常量,也可以是字符数组名或者指针变量,例如:

fputs("abcd",fp);

其意义是把字符串 abcd 写入 fp 所指的文件之中。

下面的程序是在文件 d:\example\s2. txt 中追加一个字符串。

```
#include <stdio. h>
main()
{
    FILE *fp;
    char ch,st[20];
    if((fp=fopen("d:\\example\\s2. txt","at+"))= =NULL)
    {
        printf("Cannot open file strike any key exit!");
        getchar();
        exit(1);
    }
    printf("input a string:\n");
    scanf("%s",st);
    fputs(st,fp);
    rewind(fp);
    ch=fgetc(fp);
    while(ch! =EOF)
    {
        putchar(ch);
        ch=fgetc(fp);
    }
    printf("\n");
    fclose(fp);
}
```

本例要求在文件末追加写入字符串,因此先以追加读写文本文件的方式打开文件,然后输入字符串,并用 fputs 函数把该串写入文件。之后用 rewind 函数把文件内部位置指针移到文件首,再进入循环逐个显示当前文件中的全部内容。

9.1.4.5 数据块读写函数 fread 和 fwrite

C 语言中还提供了用于整块数据的读写函数,可用来读写一组数据,如一个数组元素,一个结构变量的值等。

读数据块函数调用的一般形式为:

fread(buffer,size,count,fp);

写数据块函数调用的一般形式为:

fwrite(buffer,size,count,fp);

其中 buffer 是一个指针,在 fread 函数中表示存放输入数据的首地址,在 fwrite 函数中表示存放输出数据的首地址;size 表示数据块的字节数;count 表示要读写的数据块数量;fp 表示文件指针。例如,若已定义 fa 为实型数组,则:

fread(fa,4,5,fp);

其意义是从 fp 所指的文件中,每次读 4 个字节(一个实数)送入实数数组 fa 中,连续读 5 次,即读 5 个实数到数组 fa 中。

下面程序的功能是从键盘输入两个学生数据,写入一个文件中,再读出这两个学生的数据显示在屏幕上。

```
#include <stdio.h>
struct stu
{
    char name[10];
    int num;
    int age;
    char addr[15];
}boya[2],boyb[2], * pp, * qq;
int main()
{
    FILE  * fp;
    char ch;
    int i;
    pp=boya;
    qq=boyb;
    if((fp=fopen("d:\\example\\stu.txt","wb+"))= =NULL)
    {
        printf("Cannot open file strike any key exit!");
        getchar();
        exit(1);
    }
    printf("\nPlease input data\n");
    for(i=0;i<2;i++,pp++)
```

```
        scanf("%s%d%d%s",pp->name,&pp->num,
            &pp->age,pp->addr);
    pp=boya;
    fwrite(pp,sizeof(struct stu),2,fp);
    rewind(fp);
    fread(qq,sizeof(struct stu),2,fp);
    printf("\n\nname\tnumber       age      addr\n");
    for(i=0;i<2;i++,qq++)
        printf("%s\t%5d%7d      %s\n",qq->name,qq->num,
            qq->age,qq->addr);
    fclose(fp);
}
```

本例程序首先定义了一个结构 stu,说明了两个结构数组 boya 和 boyb 以及两个结构指针变量 pp 和 qq,pp 指向 boya,qq 指向 boyb。然后以读写方式打开文件,输入两个学生数据之后,写入到该文件中。之后再把文件内部位置指针移到文件首,读出两块学生数据后,在屏幕上显示。

9.1.4.6 格式化读写函数 fscanf 和 fprintf

fscanf 函数和 fprintf 函数与前面使用的 scanf 和 printf 函数的功能相似,都是格式化读写函数。两者的区别在于 fscanf 函数和 fprintf 函数的读写对象不是键盘和显示器,而是磁盘文件。

这两个函数的调用格式为:

fscanf(文件指针,格式字符串,输入表列);

fprintf(文件指针,格式字符串,输出表列);

例如:

```
fscanf(fp,"%d%s",&i,s);
fprintf(fp,"%d%c",j,ch);
```

下面改用 fscanf 和 fprintf 函数完成上面的例子。

```
#include <stdio.h>
struct stu
{
    char name[10];
    int num;
    int age;
    char addr[15];
}boya[2],boyb[2],*pp,*qq;
int main()
{
    FILE *fp;
```

```
    char ch;
    int i;
    pp=boya;
    qq=boyb;
    if((fp=fopen("d:\\example\\stu.txt","wb+"))==NULL)
    {
        printf("Cannot open file strike any key exit!");
        getchar();
        exit(1);
    }
    printf("\nPlease input data\n");
    for(i=0;i<2;i++,pp++)
        scanf("%s%d%d%s",pp->name,&pp->num,
              &pp->age,pp->addr);
    pp=boya;
    for(i=0;i<2;i++,pp++)
        fprintf(fp,"%s %d %d %s\n",pp->name,pp->num,
              pp->age,pp->addr);
    rewind(fp);
    for(i=0;i<2;i++,qq++)
        fscanf(fp,"%s %d %d %s\n",qq->name,&qq->num,
              &qq->age,qq->addr);
    printf("\n\nname\tnumber      age       addr\n");
    qq=boyb;
    for(i=0;i<2;i++,qq++)
        printf("%s\t%5d   %7d      %s\n",qq->name,qq->num,
              qq->age,qq->addr);
    fclose(fp);
}
```

与前例相比，本程序中 fscanf 和 fprintf 函数每次只能读写一个结构数组元素，因此采用了循环语句来读写全部数组元素。还要注意指针变量 pp、qq 由于循环改变了它们的值，因此需要分别对它们重新赋予数组的首地址。

任务 9.2　文件的定位与检测

【任务目标】

首先，创建 RAMDOM 文件并写入 26 个大写英文字母。然后进行两次读操作，第一次是读出 5 的倍数的位置处内容，并与其位置一起输出在屏幕上；第二次从文件尾开始向开始处,字母表逆序逐个读出每个字符并将其显示在屏幕上。运行结果如图 9-2 所示。

```
please input data:
ABCDEFGHIJKLMNOPQRSTUVWXYZ
^Z
No. of characters entered = 28
Position of A is 1
Position of F is 6
Position of K is 11
Position of P is 16
Position of U is 21
Position of Z is 26
Position of    is 30

ZYXWVUTSRQPONMLKJIHGFEDCBA
Press any key to continue
```

图 9-2　任务 9.2 运行结果

【程序代码】

```
01  #include "stdio.h"
02  int main( )
03  {
04      FILE   *fp ;
05      long   n ;
06      char  ch ;
07      printf("please input data:\n") ;
08      fp=fopen("RANDOM","w") ;
09      while((ch=getchar())! =EOF)
10          putc(ch,fp) ;
11      printf("No. of characters entered = %ld\n",ftell(fp)) ;
12      fclose(fp) ;
13      fp=fopen("RANDOM","r") ;
14      n=0L ;
15      while(feof(fp)= =0)
16      {
17          fseek(fp,n,0);
18          printf("Position of %c is %ld\n", getc(fp),ftell(fp)) ;
19          n = n + 5L ;
20      }
21      putchar('\n') ;
22      fseek(fp, -1L ,2) ;
23      while( ! fseek(fp,-2L,1) )
```

```
24          putchar( getc( fp) ) ;
25      printf( " \n" ) ;
26      fclose( fp) ;
27  }
```

【简要说明】

第08行:先以写的方式打开文件RANDOM。

第09行:判断输入是否以ctrl+z结束。

第10行:写入数据到文件。

第11行:通过函数ftell获取字符数。

第13行:再以读的方式打开文件RANDOM。

第15行:文件结束判别条件。

第17行:文件定位。

第19行:间隔5个字符定位。

第22行:定位到文件最后一个字符之后。

第23行:指针前移2个位置,并判断是否超过首位置。

第24行:输出字符。

【相关知识】

9.2.1 文件的随机读写

前面介绍的对文件的读写方式都是顺序读写,即读写文件只能从文件头开始,顺序读写各个数据,但在实际中常要求只读写文件中某一指定部分。为解决这个问题,可移动文件内部的位置指针到需要读写的位置,再进行读写,这种读写称为随机读写。

实现随机读写的关键是按要求移动位置指针,移动文件内部位置指针的函数主要有两个,即rewind函数和fseek函数。

rewind函数前面已多次使用过,其调用形式为:

rewind(文件指针);

它的功能是把文件内部的位置指针移到文件首部。

fseek函数用来移动文件内部位置指针,其调用形式为:

fseek(文件指针,位移量,起始点);

其中,"文件指针"指向被移动的文件。"位移量"表示移动的字节数,要求位移量是long型数据,以便在文件长度大于64 kB时不会出错,当用常量表示位移量时,要求加后缀"L"。"起始点"表示从何处开始计算位移量,规定的起始点有文件首部、当前位置、文件结尾三种,其表示方法如下:

起始点	表示符号	表示数字
文件首部	SEEK_SET	0
当前位置	SEEK_CUR	1

文件结尾　　　SEEK_END　　　2

例如：

fseek(fp,100L,0);

其意义是把位置指针移到离文件首部100个字节处，其中fp为已经打开的文件指针，以下不再单独说明。

还要说明的是，fseek函数一般用于二进制文件。因为在文本文件中要进行转换，所以往往计算的位置会出现错误。

在移动位置指针之后，即可用前面介绍的任一种读写函数进行读写。由于一般是读写一个数据块，因此常用fread和fwrite函数。

下面的例子用于在学生文件stu_list中读出第二个学生的数据。

```
#include <stdio.h>
struct stu
{
    char name[10];
    int num;
    int age;
    char addr[15];
}boy, * qq;
int main()
{
    FILE  * fp;
    char ch;
    int i=1;
    qq=&boy;
    if((fp=fopen("stu_list","rb"))= =NULL)
    {
        printf("Cannot open file strike any key exit!");
        getchar();
        exit(1);
    }
    rewind(fp);
    fseek(fp,i * sizeof(struct stu),0);
    fread(qq,sizeof(struct stu),1,fp);
    printf("\n\nname\tnumber    age       addr\n");
    printf("%s\t%5d   %7d       %s\n",qq->name,qq->num,
           qq->age,qq->addr);
}
```

9.2.2 文件检测函数

对文件进行读写操作时,可能会出现各种错误,如越过文件结束标志 EOF 读数据、缓冲区溢出、要使用的文件未打开、同时对同一个文件进行两种操作、文件以非法文件名打开等。如果没有注意到这些错误,执行时就会导致提前终止或输出错误。因此,C 语言为人们提供了一组函数用来检查文件的 I/O 错误,主要有函数 feof、ferror 和 clearerr 等。

9.2.2.1 feof 函数

feof 函数用于在文件处理过程中,检测文件指针是否到达文件结尾,其调用形式为:

```
feof(fp);
```

如果文件指针指到文件结尾(结束字符 EOF),则返回值为非 0;否则,返回值为 0。例如:

```
if ( feof ( fp ) )
    printf ( "The End of Data! \n" ) ;
```

这条语句的功能是:当达到文件结束条件时,显示“The End of Data!”。

9.2.2.2 ferror 函数

ferror 函数是文件出错检测函数,也只使用文件指针作函数参数。如果检测到对当前文件的操作出错,则返回值为非 0;否则,返回值为 0。例如:

```
if ( ferror ( fp ) ! = 0 )
    printf ( "An error has occurred! \n" ) ;
```

这条语句的功能是:如果出现读写错误,则出现提示信息“An error has occurred!”。

其实,当调用函数 fopen 打开文件时,一定会返回一个文件指针,如果文件由于某种原因不能打开,则返回一个空指针,这种机制也可以用来判断文件打开是否成功。例如:

```
if ( fp= =NULL)
    printf ( "File could not be opened! \n" ) ;
```

如果文件打开失败,则输出提示语句“File could not be opened!”。

9.2.2.3 clearerr 函数

当文件操作出错后,文件状态标志为非 0,此后所有的文件操作均无效。如果希望继续对文件进行操作,必须使用 clearerr 函数清除此错误标志后,才可以继续操作。此函数使用文件指针作为函数参数,其一般调用形式为:

```
clearerr(fp);
```

例如,文件指针到文件结尾时会产生文件结束标志,必须执行此函数后,才可以继续对文件进行操作。因此,在执行 fseek(fp,0L,SEEK_SET)和 fseek(fp,0L,SEEK_END)语句后,要注意调用此函数。

9.2.2.4 ftell 函数

ftell 函数用于得到文件位置指针的当前位置相对于文件首的偏移字节数。在随机方式存取文件时,由于文件位置频繁前后移动,不容易确定文件的当前位置,调用 ftell 函数就能非常容易地确定文件的当前位置。其一般调用形式为:

```
ftell(fp);
```

利用 ftell 函数也能方便地知道一个文件的长度。例如以下两条语句:

```
fseek(fp,0L,SEEK_END);
len=ftell(fp);
```

首先将文件的当前位置移到文件的末尾,然后调用 ftell 函数获得当前位置相对于文件首的位移,得到的位移值 len 即等于整个文件所含字节数。

总结点拨

本项目介绍了文件、文件指针的基本概念,重点分析了文件的打开、关闭、读取、写入、定位、检测等基本操作,最后简要介绍了常用的文件操作函数,以方便大家使用。

文件的实质是批量有序数据的集合,而指针恰恰是为处理批量有序数据而引入的。因此,对文件的所有操作,都是通过文件指针来实现的。明白了这一点,就发现计算机中纷繁庞杂的文件系统其实也没什么秘密,说明你已站在全局的高度,从容看待计算机中所有数据的处理过程。作为最基本的编程工具,绝大多数操作系统(包括最著名的 Windows 系统)、应用软件底层都是使用 C 语言来编写的。掌握 C 语言,就把握了进入计算机内部大门的钥匙,是以后攻克操作系统、EDA 工具、CAD 软件的基石。

党的二十大报告中指出:青年强,则国家强。当代中国青年生逢其时,施展才干的舞台无比广阔,实现梦想的前景无比光明……怀抱梦想又脚踏实地,敢想敢为又善作善成,立志做有理想、敢担当、能吃苦、肯奋斗的新时代好青年,让青春在全面建设社会主义现代化国家的火热实践中绽放绚丽之花。

课后提升

一、单项选择题

1. 若 fp 是指向某文件的指针,且已读到文件结尾,则函数 feof(fp)的返回是(　　)。

A. EOF　　B. -1　　C. 非零值　　D. NULL

2. 下列关于 C 语言数据文件的叙述中正确的是(　　)。

A. 文件由 ASCII 码字符序列组成,C 语言只能读写文本文件

B. 文件由二进制数据序列组成,C 语言只能读写二进制文件

C. 文件由记录序列组成,可按数据的存放形式分为二进制文件和文本文件

D. 文件由数据流形式组成,可按数据的存放形式分为二进制文件和文本文件

3. 在 C 程序中,可把整型数以二进制形式存放到文件中的函数是(　　)。

A. fprintf 函数　　B. fread 函数　　C. fwrite 函数　　D. fputc 函数

4. 有以下程序

```
#include <stdio.h>
main()
{ FILE *fp; int i=20,j=30,k,n;
fp=fopen("d1.dat","w");
fprintf(fp,"%d\n",i);fprintf(fp,"%d\n",j);
fclose(fp);
```

```
    fp=fopen("d1.dat", "r");
    fp=fscanf(fp,"%d%d",&k,&n);   printf("%d%d\n",k,n);
    fclose(fp);}
```

程序运行后的输出结果是(　　)。

A. 20　30　　B. 20　50　　C. 30　50　　D. 30　20

5. 以下叙述中错误的是(　　)。

A. 二进制文件打开后可以先读文件的末尾,而文本文件不可以

B. 在程序结束时,应当用 fclose 函数关闭已打开的文件

C. 利用 fread 函数从二进制文件中读数据可以用数组名给数组中所有元素读入数据

D. 不可以用 FILE 定义指向二进制文件的文件指针

6. 有如下程序

```
    #include <stdio.h>
    main()
    {FILE *fp1;
    fp1=fopen("f1.txt","w");
    fprintf(fp1,"abc");
    fclose(fp1);}
```

若文本文件 f1.txt 中原有内容 good,则运行以上程序后文件 f1.txt 中的内容为(　　)。

A. goodabc　　B. abcd　　C. abc　　D. abcgood

7. 以下叙述中不正确的是(　　)。

A. C 语言中的文本文件以 ASCII 码形式存储数据

B. C 语言中对二进制文件的访问速度比文本文件快

C. C 语言中,随机读写方式不适用于文本文件

D. C 语言中,顺序读写方式不适用于二进制文件

8. 以下叙述中错误的是(　　)。

A. C 语言中对二进制文件的访问速度比文本文件快

B. C 语言中,随机文件以二进制代码形式存储数据

C. 语句 FILE fp; 定义了一个名为 fp 的文件指针

D. C 语言中的文本文件以 ASCII 码形式存储数据

9. 有以下程序

```
    #include <stdio.h>
    main()
    { FILE *fp; int i, k, n;
    fp=fopen("data.dat", "w+");
    for(i=1; i<6; i++)
    { fprintf(fp,"%d ",i);
    if(i%3==0) fprintf(fp,"\n");}
    rewind(fp);
```

```
fscanf(fp, "%d%d", &k, &n); printf("%d %d\n", k, n);
fclose(fp);}
```

程序运行后的输出结果是(　　)。

A. 0 0　　B. 123 45　　C. 1 4　　D. 1 2

10. 有以下程序

```
#include <stdio.h>
void  WriteStr(char  *fn,char  *str)
{  FILE  *fp;
fp=fopen(fn,"w");fputs(str,fp);fclose(fp); }
main()
{  WriteStr("t1.dat","start");
WriteStr("t1.dat","end");  }
```

程序运行后,文件 t1.dat 中的内容是(　)。

A. start　　B. end　　C. startend　　D. endrt

二、程序改错题

请纠正以下程序中的错误,以实现其相应的功能。

1. 由终端键盘输入字符,存放到文件中,以"#"结束输入。

```
#include "stdio.h "
#include "stdlib.h "
int main( )
{
    FILE  *fp;
    char ch,fname;
    printf("Input name of file\n");
    gets(fname);
    if((fp=fopen(fname,"w"))! =NULL)
    {
        printf("cannot open\n");
        exit(0);
    }
    printf("enter data\n");
    while((ch=getchar())='#')
        fputc(ch,fp);
    fclose(fp);
}
```

2. 将磁盘中当前目录下的文件 ccw1.txt 复制到同一目录下的 ccw2.txt 的文件中。

```
#include "stdio.h"
#include "stdlib.h"
int main( )
```

```
{
    FILE rp,wp;
    int c;
    if((rp=fopen("ccw1.txt","w"))= =NULL)
    {
        printf("Cannot open file\n");
        exit(0);
    }
    if((wp=fopen("ccw2.txt","r"))= =NULL)
    {
        printf("Cannot open file\n");
        exit(0);
    }
    while((c=fgetc(rp))! =EOF)
        fputc(c,wp);
    fclose(wp);
    fclose(rp);
}
```

三、程序填空题

请根据程序功能要求补充完善程序,以实现其相应的功能。

1. 从键盘上输入2个学生的数据,写入一个文件中,再读出这2个学生的数据。

```
#include "stdio.h"
struct stu
{
    char name[10];
    int num;
    int age;
    char addr[15];
}boya[2],boyb[2],*pp,*qq;
int main()
{
    FILE *fp;
    char ch;
    int i;
    pp=boya;
    qq=boyb;
    if((fp=fopen("stu_list","wb+"))= =NULL)
    {
        printf("不能打开文件,按任意键退出!");
```

```
        getchar();
        exit(1);
    }
    for(i=0;i<2;i++,pp++)
        scanf("%s%d%d%s",pp->name,&pp->num,
    &pp->age,pp->addr);
    pp=boya;
    for(i=0;i<2;i++,pp++)
        ____________________
    rewind(fp); /*把文件内的指针移动文件开头*/
    for(i=0;i<2;i++,qq++)
        fscanf(fp,"%s%d%d%s\n",qq->name,&qq->num,
    &qq->age,qq->addr);
    ____________________
    for(i=0;i<2;i++,qq++)
        printf("%s %5d  %7d  %s\n",qq->name,qq->num,
    qq->age,qq->addr);
    fclose(fp);
}
```

2. 先建立text文件,然后输入一串字符保存到该文件中,然后从文件中定位,获取当前位置的字符并输出。

```
#include <stdio.h>
int main()
{
    FILE  *fp ;
    long  n ;
    char  ch ;
    fp = fopen("text" , "w") ;
    ____________________                /*判断输入是否以ctrl+z结束*/
    {
        putc( ch ,fp ) ;                /*写入数据到文件*/
    }
    printf( " No. of characters entered = %ld\n" , ftell( fp ) ) ; //读取字符数
    fclose( fp ) ;
    fp = fopen( "text" , "r") ;
    n = 0L ;
    while(feof(fp) = = 0)               /*文件未结束判别条件*/
    {
```

```
        fseek( fp ,n , 0 );              /* 文件定位 */
        ______________                   /* 显示数据信息 */
        n = n + 3L ;                     /* 间隔 3 个字符定位 */
    }
    putchar( '\n' ) ;
}
```

四、程序编写题

请根据功能要求编写程序,并完成运行调试。

1. 从键盘读入若干个字符串,对它们按字母大小的顺序排序,然后把排好序的字符串送到磁盘文件中保存。

2. 在磁盘文件 stu. dat 上存有 10 个学生的数据,每个学生信息包括学号、姓名、成绩和住址,要求将该文件中的第 1、3、5、7、9 个学生数据在屏幕上显示出来。

附　录

附录 A　标准 ASCII 字符集

标准 ASCII 码字符集共有 128 个字符，其十进制编码范围为 0~127，十六进制编码范围为 00~7F。

在 ASCII 码字符集的前 32 个字符为非打印字符，这些字符一般为控制字符，本表前 32 个字符为对应控制字符的代号。

十进制编码	十六进制码	字符	十进制编码	十六进制码	字符
0	00	NUL	21	15	NAK
1	01	SOH	22	16	SYN
2	02	STX	23	17	ETB
3	03	ETX	24	18	CAN
4	04	EOT	25	19	EM
5	05	ENQ	26	1A	SUB
6	06	ACK	27	1B	ESC
7	07	BEL	28	1C	FS
8	08	BS	29	1D	GS
9	09	HT	30	1E	RS
10	0A	LF	31	1F	US
11	0B	VT	32	20	SPACEBAR
12	0C	FF	33	21	!
13	0D	CR	34	22	"
14	0E	SO	35	23	#
15	0F	SI	36	24	$
16	10	DLE	37	25	%
17	11	DC1	38	26	’
18	12	DC2	39	27	&
19	13	DC3	40	28	(
20	14	DC4	41	29	)

续表

十进制编码	十六进制码	字符	十进制编码	十六进制码	字符
42	2A	*	73	49	I
43	2B	+	74	4A	J
44	2C	,	75	4B	K
45	2D	-	76	4C	L
46	2E	.	77	4D	M
47	2F	/	78	4E	N
48	30	0	79	4F	O
49	31	1	80	50	P
50	32	2	81	51	Q
51	33	3	82	52	R
52	34	4	83	53	S
53	35	5	84	54	T
54	36	6	85	55	U
55	37	7	86	56	V
56	38	8	87	57	W
57	39	9	88	58	X
58	3A	:	89	59	Y
59	3B	;	90	5A	Z
60	3C	<	91	5B	[
61	3D	=	92	5C	\
62	3E	>	93	5D	]
63	3F	?	94	5E	^
64	40	@	95	5F	-
65	41	A	96	60	`
66	42	B	97	61	a
67	43	C	98	62	b
68	44	D	99	63	c
69	45	E	100	64	d
70	46	F	101	65	e
71	47	G	102	66	f
72	48	H	103	67	g

续表

十进制编码	十六进制码	字符	十进制编码	十六进制码	字符
104	68	h	116	74	t
105	69	i	117	75	u
106	6A	j	118	76	v
107	6B	k	119	77	w
108	6C	l	120	78	x
109	6D	m	121	79	y
110	6E	n	122	7A	z
111	6F	o	123	7B	{
112	70	p	124	7C	|
113	71	q	125	7D	}
114	72	r	126	7E	~
115	73	s	127	7F	Del

附录 B　C 语言的关键字

auto break case char const continue default do double else enum extern
float for goto if int long register return short signed static sizeof struct
switch typedef union unsigned void volatile while

附录 C　C 语言的运算符

优先级	运算符	名称或含义	使用形式	结合方向	说明
1	[ ]	数组下标	数组名[常量表达式]	左到右	
	( )	圆括号	(表达式)/函数名(形参表)		
	.	成员选择(对象)	对象.成员名		
	->	成员选择(指针)	对象指针->成员名		
	++	后置自增运算符	++变量名		单目运算符
	--	后置自减运算符	--变量名		单目运算符

续表

优先级	运算符	名称或含义	使用形式	结合方向	说明
2	-	负号运算符	-表达式	右到左	单目运算符
	(类型)	强制类型转换	(数据类型)表达式		
	++	前置自增运算符	变量名++		单目运算符
	--	前置自减运算符	变量名--		单目运算符
	*	取值运算符	*指针变量		单目运算符
	&	取地址运算符	&变量名		单目运算符
	!	逻辑非运算符	!表达式		单目运算符
	~	按位取反运算符	~表达式		单目运算符
	sizeof	长度运算符	sizeof(表达式)		
3	/	除	表达式/表达式	左到右	双目运算符
	*	乘	表达式*表达式		双目运算符
	%	余数(取模)	整型表达式/整型表达式		双目运算符
4	+	加	表达式+表达式	左到右	双目运算符
	-	减	表达式-表达式		双目运算符
5	<<	左移	变量<<表达式	左到右	双目运算符
	>>	右移	变量>>表达式		双目运算符
6	>	大于	表达式>表达式	左到右	双目运算符
	>=	大于等于	表达式>=表达式		双目运算符
	<	小于	表达式<表达式		双目运算符
	<=	小于等于	表达式<=表达式		双目运算符
7	==	等于	表达式==表达式	左到右	双目运算符
	!=	不等于	表达式!=表达式		双目运算符
8	&	按位与	表达式&表达式	左到右	双目运算符
9	^	按位异或	表达式^表达式	左到右	双目运算符
10	|	按位或	表达式|表达式	左到右	双目运算符
11	&&	逻辑与	表达式&&表达式	左到右	双目运算符
12	||	逻辑或	表达式||表达式	左到右	双目运算符
13	?:	条件运算符	表达式1?表达式2:表达式3	右到左	三目运算符

续表

<table>
<tr><th>优先级</th><th>运算符</th><th>名称或含义</th><th>使用形式</th><th>结合方向</th><th>说明</th></tr>
<tr><td rowspan="11">14</td><td>=</td><td>赋值运算符</td><td>变量=表达式</td><td rowspan="11">右到左</td><td></td></tr>
<tr><td>/=</td><td>除后赋值</td><td>变量/=表达式</td><td></td></tr>
<tr><td>*=</td><td>乘后赋值</td><td>变量*=表达式</td><td></td></tr>
<tr><td>%=</td><td>取模后赋值</td><td>变量%=表达式</td><td></td></tr>
<tr><td>+=</td><td>加后赋值</td><td>变量+=表达式</td><td></td></tr>
<tr><td>-=</td><td>减后赋值</td><td>变量-=表达式</td><td></td></tr>
<tr><td><<=</td><td>左移后赋值</td><td>变量<<=表达式</td><td></td></tr>
<tr><td>>>=</td><td>右移后赋值</td><td>变量>>=表达式</td><td></td></tr>
<tr><td>&=</td><td>按位与后赋值</td><td>变量&=表达式</td><td></td></tr>
<tr><td>^=</td><td>按位异或后赋值</td><td>变量^=表达式</td><td></td></tr>
<tr><td>|=</td><td>按位或后赋值</td><td>变量|=表达式</td><td></td></tr>
<tr><td>15</td><td>,</td><td>逗号运算符</td><td>表达式,表达式,…</td><td>左到右</td><td></td></tr>
</table>

附录 D　国家计算机等级考试大纲

国家计算机等级考试共分为四级，一级为基础操作考试，二级为编程语言考试，三级为网络技术考试，四级为系统原理考试。二级考试又细分为 C 语言、Java 语言、Python 语言、Access 数据库等科目，此处主要介绍二级 C 语言程序设计科目的考试要求。

二级 C 语言程序设计考试大纲

基本要求

1. 熟悉 Visual C++集成开发环境。

2. 掌握结构化程序设计的方法，具有良好的程序设计风格。

3. 掌握程序设计中简单的数据结构和算法并能阅读简单的程序。

4. 在 Visual C++集成环境下，能够编写简单的 C 程序，并具有基本的纠错和调试程序的能力。

考试内容

一、C 语言程序的结构

1. 程序的构成，main 函数和其他函数。

2. 头文件，数据说明，函数的开始和结束标志以及程序中的注释。

3. 源程序的书写格式。

4. C 语言的风格。

二、数据类型及其运算

1. C 数据类型(基本类型、构造类型、指针类型、无值类型)及其定义方法。

2. C 运算符的种类、运算优先级和结合性。

3. 不同类型数据间的转换与运算。

4. C 表达式类型(赋值表达式、算术表达式、关系表达式、逻辑表达式、条件表达式、逗号表达式)和求值规则。

三、基本语句

1. 表达式语句、空语句、复合语句。

2. 输入输出函数的调用,正确输入数据并正确设计输出格式。

四、选择结构程序设计

1. 用 if 语句实现选择结构。

2. 用 switch 语句实现多分支选择结构。

3. 选择结构的嵌套。

五、循环结构程序设计

1. for 循环结构。

2. while 和 do-while 循环结构。

3. continue 语句和 break 语句。

4. 循环的嵌套。

六、数组的定义和引用

1. 一维数组和二维数组的定义、初始化和数组元素的引用。

2. 字符串与字符数组。

七、函数

1. 库函数的正确调用。

2. 函数的定义方法。

3. 函数的类型和返回值。

4. 形式参数与实际参数,参数值的传递。

5. 函数的正确调用、嵌套调用、递归调用。

6. 局部变量和全局变量。

7. 变量的存储类别(自动、静态、寄存器、外部),变量的作用域和生存期。

八、编译预处理

1. 宏定义和调用(不带参数的宏、带参数的宏)。

2. “文件包含”处理。

九、指针

1. 地址与指针变量的概念,地址运算符与间址运算符。

2. 一维、二维数组和字符串的地址以及指向变量、数组、字符串、函数、结构体的指针变量的定义。通过指针引用以上各类型数据。

3. 用指针作函数参数。

4. 返回地址值的函数。

5. 指针数组,指向指针的指针。

十、结构体("结构")与共同体("联合")

1. 用 typedef 说明一个新类型。

2. 结构体和共用体类型数据的定义和成员的引用。

3. 通过结构体构成链表,单向链表的建立,结点数据的输出、删除与插入。

十一、位运算

1. 位运算符的含义和使用。

2. 简单的位运算。

十二、文件操作

只要求缓冲文件系统(即高级磁盘 I/O 系统),对非标准缓冲文件系统(即低级磁盘 I/O 系统)不要求。

1. 文件类型指针(FILE 类型指针)。

2. 文件的打开与关闭(fopen,fclose)。

3. 文件的读写(fputc,fgetc,fputs,fgets,fread,fwrite,fprintf,fscanf 函数的应用),文件的定位(rewind,fseek 函数的应用)。

考试方式

上机考试,考试时长 120 分钟,满分 100 分。

1. 题型及分值

单项选择题 40 分(含公共基础知识部分 10 分)。操作题 60 分(包括程序填空题、程序修改题及程序设计题)。

2. 考试环境

操作系统:中文版 Windows 7。

开发环境:Microsoft Visual C++ 2010 学习版。

二级公共基础知识考试大纲

基本要求

1. 掌握计算机系统的基本概念,理解计算机硬件系统和计算机操作系统。

2. 掌握算法的基本概念。

3. 掌握基本数据结构及其操作。

4. 掌握基本排序和查找算法。

5. 掌握逐步求精的结构化程序设计方法。

6. 掌握软件工程的基本方法,具有初步应用相关技术进行软件开发的能力。

7. 掌握数据库的基本知识,了解关系数据库的设计。

考试内容

一、计算机系统

1. 掌握计算机系统的结构。

2. 掌握计算机硬件系统结构,包括 CPU 的功能和组成,存储器分层体系,总线和外部设备。

3. 掌握操作系统的基本组成,包括进程管理、内存管理、目录和文件系统、I/O 设备管理。

二、基本数据结构与算法

1. 算法的基本概念;算法复杂度的概念和意义(时间复杂度与空间复杂度)。

2. 数据结构的定义;数据的逻辑结构与存储结构;数据结构的图形表示;线性结构与非线性结构的概念。

3. 线性表的定义;线性表的顺序存储结构及其插入与删除运算。

4. 栈和队列的定义;栈和队列的顺序存储结构及其基本运算。

5. 线性单链表、双向链表与循环链表的结构及其基本运算。

6. 树的基本概念;二叉树的定义及其存储结构;二叉树的前序、中序和后序遍历。

7. 顺序查找与二分法查找算法;基本排序算法(交换类排序,选择类排序,插入类排序)。

三、程序设计基础

1. 程序设计方法与风格。

2. 结构化程序设计。

3. 面向对象的程序设计方法,对象,方法,属性及继承与多态性。

四、软件工程基础

1. 软件工程基本概念,软件生命周期概念,软件工具与软件开发环境。

2. 结构化分析方法,数据流图,数据字典,软件需求规格说明书。

3. 结构化设计方法,总体设计与详细设计。

4. 软件测试的方法,白盒测试与黑盒测试,测试用例设计,软件测试的实施,单元测试、集成测试和系统测试。

5. 程序的调试,静态调试与动态调试。

五、数据库设计基础

1. 数据库的基本概念:数据库,数据库管理系统,数据库系统。

2. 数据模型,实体联系模型及 E-R 图,从 E-R 图导出关系数据模型。

3. 关系代数运算,包括集合运算及选择、投影、连接运算,数据库规范化理论。

4. 数据库设计方法和步骤:需求分析、概念设计、逻辑设计和物理设计的相关策略。

考试方式

1. 公共基础知识不单独考试,与其他二级科目组合在一起,作为二级科目考核内容的一部分。

2. 上机考试,10 道单项选择题,占 10 分。

参考文献

[1] 谭浩强. C程序设计[M]. 北京:清华大学出版社,2005.

[2] 吉顺如,辜碧容,唐政. C语言程序设计教程[M].3版.北京:机械工业出版社,2015.

[3] 李红,伦墨华,王强. C语言程序设计实例教程[M].2版.北京:机械工业出版社,2014.

[4] 吴振国,张建华. C语言程序设计教程[M]. 东营:中国石油大学出版社,2012.

[5] 赵凤芝,包锋. C语言程序设计能力教程[M].3版.北京:中国铁道出版社,2014.